知識ゼロから学ぶ
ソフトウェアテスト

アジャイル・AI時代の必携教科書 第3版

◎著者＝情報工学博士 高橋寿一

SOFTWARE TEST

SE
SHOEISHA

■本書内容に関するお問い合わせについて

このたびは翔泳社の書籍をお買い上げいただき、誠にありがとうございます。弊社では、読者の皆様からのお問い合わせに適切に対応させていただくため、以下のガイドラインへのご協力をお願い致しております。下記項目をお読みいただき、手順に従ってお問い合わせください。

●ご質問される前に

弊社Webサイトの「正誤表」をご参照ください。これまでに判明した正誤や追加情報を掲載しています。

　正誤表　https://www.shoeisha.co.jp/book/errata/

●ご質問方法

弊社Webサイトの「書籍に関するお問い合わせ」をご利用ください。

　書籍に関するお問い合わせ　https://www.shoeisha.co.jp/book/qa/

インターネットをご利用でない場合は、FAXまたは郵便にて、下記翔泳社 愛読者サービスセンターまでお問い合わせください。
電話でのご質問は、お受けしておりません。

●回答について

回答は、ご質問いただいた手段によってご返事申し上げます。ご質問の内容によっては、回答に数日ないしはそれ以上の期間を要する場合があります。

●ご質問に際してのご注意

本書の対象を超えるもの、記述個所を特定されないもの、また読者固有の環境に起因するご質問等にはお答えできませんので、予めご了承ください。

●郵便物送付先およびFAX番号

送付先住所　〒160-0006　東京都新宿区舟町5
FAX番号　　03-5362-3818
宛先　　　　（株）翔泳社 愛読者サービスセンター

改訂版の変更部分

　10年以上改訂しなかったことに、ある日突然気づいた。結構世の中は変わっているぞ！ 10年前に書いたときはベストだと思った記述の多くは、現代のアジャイルやAIソフトウェア全盛にそぐわなくなってきている。開発サイクルが短くなるだけでこんなに世界が変わるものかとも驚いている。

　シフトレフトや開発者テストの記述は拙書の『ソフトウェア品質を高める開発者テスト』[TAK23]で語ったが、システムテストやQuality Assurance（QA）と呼ばれる部分はアップデートしていない。

　確かにアジャイル時代になり多くのテスト活動が開発者テストにシフトしている。しかし、ソフトウェアのサイズは増え続けていることは確かなので、テスト担当者の仕事は減ることなく、さらには多岐にわたっている。特に短いライフサイクルの中で品質を担保するというという大きな課題に対しての努力の量は甚大になっている。本書の改訂は全体にわたり、多くの文章をアジャイルに則した形にした。逆にアジャイルにシフトしたために多くの古くからのテスト手法がおざなりにされている、もしくは忘れられている感がある。本書で記した既存のテスト手法はアジャイル時代でも有効で、かつ若いテストエンジニアにも理解していただきたいと思っている。

　また改訂にあたり、AIのテストやカオスエンジニアリングという部分に関して追記した。この2つのトピックは10年前はほとんど話題にされなかったトピックであり、また新規にテスト担当者が学習しなければならない必須トピックであると筆者は考える。

目 次

1章

はじめに

さて、世のテストの本の中には、筆者にさえ理解できないような難解な本があります。かといって、ただ経験談をまとめただけの本からは基礎知識が得られません。本書では、実際にテストに関わるエンジニアの方たちに向けて、役に立つ基礎知識をわかりやすく説明していきます。

また、テストの基本を重視して、非常にオーソドックスな構成——ホワイトボックステスト、ブラックボックステスト、非機能テストとテストの運用——になっています。ちなみに欧米では、このような基本的なテスト手法を正面から論じる本自体が少ないのが現状です。その中で、本書が日本のテストエンジニアのために有用な情報を提供するものであってほしいと願っています。

幸い筆者は米国Microsoft、独SAP、そして日本のソニー（株）でソフトウェアテストに従事してきました。経験豊富といえば聞こえはいいですが、飽きっぽい性格のために転職を繰り返してきただけといわれればそれまでかもしれません。しかしMicrosoftではアプリケーションやOSの、SAPではERPの、そしてソニーでは組み込みソフトウェアの仕事に携わってこられたことは自分の強みだと考えています。本書では、多岐にわたるソフトウェアをテストしてきた経験を活かし、オーソドックスな手法と実際の経験をうまく組み合わせて説明できたと自負しています。

1.1 | テスト担当者の心得
—先人の言葉に学ぶソフトウェアテストの奥義—

どんなに優秀な開発者であっても逃れられないソフトウェアの問題を防ぐ手立てとして、ソフトウェアテストはどのような役目を果たすものかを考えてみましょう。ここでは難しい説明は抜きにして、先人の言葉を借りることにします。

バグを全部見つけるのは無理だと心得ろ!

Cem Kaner

　最初から責任を放棄しているわけではありませんが、ソフトウェアのすべての
バグをなくすことは不可能です。ソフトウェアは十分複雑な工業製品なのです。
多くのエンジニアは、自分の書いたプログラムや自分の関わっている製品にバグ
がなければいいな、という希望的観測を持って開発やテストをしています。

エラーは見つからないだろうという仮定のもとに
テストの計画を立ててはいけない

G. J. Mayers

　そのため、ソフトウェアテストの作業でバグが見つかりづらくなり、出荷後に
ユーザーからバグを指摘されることになるのです。

プログラムのある部分でエラーがまだ存在してい
る確率は、すでにその部分で見つかったエラーの
数に比例する

G. J. Mayers

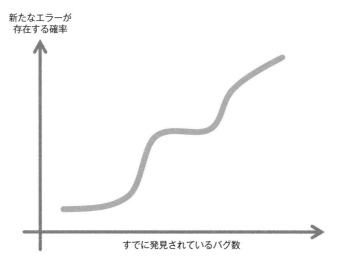

図1-1：発見されたバグ数と、発見が想定されるバグ数

　バグというのはプログラム中に平均的に散らばっているのではなく、特定の部分に偏在しています。ある例では、バグの47%はプログラムの4%の部分に偏在しているという報告もあります[*1]。

　プログラムは単純な計算部分から、非常に複雑なアルゴリズムを伴った部分まで多種多様な要素から構成されています。当然複雑な箇所からはたくさんのバグが発生するでしょう。だからこそ、そのような複雑な部分を徹底的にテストすることは重要なテスト技術なのです。

　本書では代表的な手法であるホワイトボックステスト、ブラックボックステストを紹介します。代表的なものだからといって、ここで紹介するすべてのテスト手法を使う必要はまったくありません。まずは自分で試してみて、効果のある手法を選んで適用してみるとよいでしょう。

---

*1　80%のバグが20%のコードに含まれているという報告[GRA92]や、派生開発においては90%のバグが10%のコードに含まれいるという報告もあります[KIM07]。現代のソフトウェア技術において、バグが潜んでいる場所の特定は割合容易いようです。致命的な市場バグを出さないためにも、オーソドックスなテストと並列にバグの偏在場所の特定し、そこに多くのテスト活動を偏在させるのは重要なテスト戦略と考えられます。

　実際に、筆者が初めて開発者としてソフトウェアテストをしたときは、コードレビュー*2 と要求仕様に書かれた機能のテストを徹底的に行っただけでした。それでも十分市場に受け入れられる製品として出荷することができたのです。最後にこれを格言としてまとめてみましょう。読者の皆さんがテスト手法の選択や適用をする際の一助になれば幸いです。

> ソフトウェアテストで重要なのは、
> どの部分にバグが出やすいのか、
> そこにどのようなテスト手法を適用すれば
> 十分な品質が得られるかを知ることである
>
> Juichi Takahashi

1.2　完全無欠なソフトウェアテストは可能か？
―100万のテストケースでも十分とはいえない―

　まったくバグのないソフトウェアは存在するのでしょうか？答えは"No"です。なぜなら、完全なテスト手法が存在しないからです。単純なプログラムを例にとって考えてみましょう。

　プログラムは2つの入力を受け付け、それらを掛け算して出力します。入力範囲は以下の通りです。

　　入力A：1から999まで入力可能
　　入力B：1から999まで入力可能
　　出力C：A×B

---

*2　開発者の書いたコードを開発チーム内、もしくは他者と一緒にその正当性、妥当性をチェックする作業のこと。

さて、これをテストするにはどうしましょうか。Aに1を入れてBに100を入れるテスト、Aに999を入れてBに999を入れるテストなど、たくさんあるでしょう。完全にテストするには、すべてのデータの組み合わせをテストしなければなりません。その組み合わせの数は以下のように計算できます。

$$999 \times 999 = 998{,}001 （約100万）$$

こんな簡単なプログラムでさえ100万のテストケースが必要なのですから、銀行のソフトウェア、スマホなど、ある程度の規模や機能を持ったソフトウェアを完全にテストするには、天文学的な数のテストケースが必要になります。しかし、**100万のテストケース**を実行したとしても完全とはいえません。コンパイラにバグがあるかもしれないし、CPU自体にバグがあるかもしれません。それらすべてを完全にテストして初めて完全無欠なソフトウェアといえるのです。

マーフィーの法則に、

「品質向上のための投資は、投資額が修正にかかる費用を超過するか、『もっとましなことをすべきだ』と誰かが言い出すまで増加し続ける」

というものがあります。ここでマーフィーの法則を出すのは適切ではないかもしれませんが、本当に完全な品質のソフトウェアを作るには、無限大の時間とコストが必要なのです。

本書では、「完璧」ではなくとも「十分な」品質を持つソフトウェア製品を開発するためのソフトウェアテスト手法を紹介していきます。

1.2.1 ソフトウェアテストの実力診断テスト —あなたのテスト能力をチェックする—

先に説明したように、ソフトウェアを完全にテストするのは非常に難しい作業です。しかし、完全性を目指してテストをするとしたら、どのような方針があり得るでしょうか。答えは「より少ないテストケースでより多くのプログラムのエラーを検知する」という少し曖昧なものになります。わかりやすくするために、少しだけ寄り道をして次の問題を考えてみましょう。有名なソフトウェアテスト

の演習問題で、実際にテストの難しさを知るには一番優れた方法として知られているものです[MYE79]。あなた自身のソフトウェアテストの能力を診断する意味も込めて、挑戦してみてください。

＜問題＞

このプログラムでは、ユーザーが3つの整数を入力します。この3つの値は、それぞれ三角形の3辺の長さを表すものとします。プログラムは、三角形が不等辺三角形、二等辺三角形、正三角形のうちのどれであるかを決めるメッセージを印字します。このプログラムをテストするのに十分と思われる一連のテストケースを書いてください。

不等辺三角形　　　　　二等辺三角形　　　　　　正三角形

図1-2：Myersの三角形問題

このプログラムを書くのはとても簡単です。JavaでもC/C++でも、プログラミングを職業としている人なら10分とかからないでしょう。しかしこのテストケースとなると、ソフトウェアテストを職業としている人でも完全なものを書くのは非常に難しく、時間も10分では到底足りないでしょう。平均的なエンジニアの55％程度しか完全に答えることはできないとされています。

答えは以下のようになります。**難しいでしょう！？** 実際、筆者も講習で問題を出しておきながらいくつか答えられないということもあります。

＜答え＞

- 有効な不等辺三角形をテストする
- 有効な正三角形をテストする
- 有効な二等辺三角形をテストする

● 有効な二等辺三角形で三種類の辺の組み合わせをテストする

● 1辺の長さがゼロの値をテストする

● 1辺の長さが負の値をテストする

● 2辺の和がもう1辺と同じである（例：1、2、3）

● 2辺の和がもう1辺より小さい（例：1、2、4）

● すべての辺の長さがゼロ

● 入力の個数が間違っている

● それぞれのテストケースに対しその出力が正しいかをチェックする

　このように、実際のプログラムを正確にテストするには最低11ものテストケースが必要になるのです。さて、これをプログラムとして書くと以下のようになります。

```
#include <stdafx.h>
#include <stdlib.h>
int main( )
{
    int iSide1 = 0;
    int iSide2 = 0;
    int iSide3 = 0;
    int iTraiang = 0;

    scanf( "%d %d %d", &iSide1, &iSide2, &iSide3 );

    if(iSide1 <= 0 || iSide2 <= 0 || iSide3 <= 0){
        printf("Input data is invalid.¥n");
        return 0;
        }
    if(iSide1 == iSide2)
        iTraiang = iTraiang +1;
    if(iSide1 == iSide3)
        iTraiang = iTraiang +2;
    if(iSide2 == iSide3)
        iTraiang = iTraiang +3;
```

```
    if(iTraiang == 0){
        if(iSide1 + iSide2 <= iSide3 || iSide2 + iSide3 ➡
<= iSide1 || iSide1 + iSide3 <= iSide2 ){
            printf("Sides do not form a legal
triangle.\n");
        }
        else{
        printf("Sides form a scalene triangle. \n");
        }
        return 0;
    }

/* Confirm it is a legal triangle before declaring it to ➡
be isosceles or equilateral */
    if(iTraiang > 3){
        printf("Sides from an equilateral triangle. \n");
    }
    else if((iTraiang == 1 && iSide1 + iSide2 > iSide3) ➡
|| (iTraiang == 2 && iSide1 + iSide3 > iSide2) || ➡
(iTraiang == 3 && iSide2 + iSide3 > iSide1)) {
    printf("Sides from an isosceless triangle. \n");
    }
    else{
        printf("Sides do not form a legal triangle. \n");
    }
}
```

　このプログラム自体は大学生でも書けるようなものです。もし現役の開発者ならば10人中9人が書けるかもしれません。しかし、このプログラムのテストケースを10人中何人の人が書けるでしょう。テストケースを書くことはプログラムを書くことより実際は難しいものなのです。また、数十行のプログラムに対して11ものテストケースが必要となると、何十万行ものプログラムにはどれだけのテストケースが必要になるのでしょう。前節で触れたように、テストケースの数というのはあっという間に膨大なものになります。

　実際に、テストにかかる費用は、ソフトウェア開発コストの少なくとも40%を占めます。ウォーターフォール時代からアジャイル時代になってもその比率は変

わっていません。イテレーションのサイクルが短くなれば、同様のバグが多く発
生したり、本来統合テストで見つけられるバグが、短いイテレーションで端折ら
れて、システムテストで見つかったり……。論文などでは論じられていないです
が、アジャイル時代になって、あきらかにテスト費用が今までにないところで膨
張している感覚を筆者は持ちます。

　ソフトウェアテストという作業はプログラミングに負けず劣らず困難であり、
かつ創造的な仕事です [NAS99]。よく「テストなぞ新人にやらせておけ」とか、「プ
ログラムができない人のやる仕事だ」などと耳にしますがとんでもありません。
ソフトウェアテストのような困難な仕事を、スキルの低い人に不完全な形で実施
させ、それを製品として出荷するということは、その製品を使う顧客に大変な迷
惑がかかります。また、企業の良識を問われかねない事態を招く可能性もあるの
です。

2章

ソフトウェアテストの基本
―ホワイトボックステスト―

　ホワイトボックステストとは、**プログラムの論理構造が正しいかを解析するテスト**です。このテスト手法は、昔々、まだコンピュータを使うことが科学だった当時、つまりプログラムのファイルサイズが数Kバイトで、高価なコンピュータを皆で使っていた時代に盛んに使われた手法です。プログラムをブラックボックスと見立てて、中に立ち入らないでテストする方法もありますが、ホワイトボックステストは人間の時間をたくさん使って内部構造を解析しテストします。

　問題は、現代のソフトウェアが巨大で、エンジニアは忙しすぎることです。ファイルサイズが数Gバイトのソフトウェアを1人で2週間以内にテストしろと命じられることもあるでしょう。そんなときに、やれホワイトボックステストだのと考えている暇はありません。とにかくやみくもにソフトウェアを動かし、動作確認をすることになります。

　しかし、そのような困難な状況においても、テスト手法の基礎を学んだ人とそうでない人ではテストの成果に差が出てきます。前者はより多くのバグを発見し、ソフトウェアが持つ品質を的確に判断して、そのソフトウェアを市場に出した場合のリスクを判断できるはずです。

　非常に忙しいテストエンジニアで「そんな基本を学んでいる暇などない！」という方は、この章を読み飛ばして次章のブラックボックステスト手法から読み始めてください。ただ、いつの日かこのホワイトボックステスト手法にも目を通していただければと思います。

　と、ここまでの文章が旧版と同じ内容です。アジャイル時代になってテスト担当者の役割は様変わりしています。

ホワイトボックステスト	ブラックボックステスト
開発者	テスト担当者

図2-1：ウォーターフォール時代の役割分担

　ウォーターフォール時代はある意味幸せな時代で、開発者はホワイトボックステストで網羅率を担保する、それが終わったらテスト担当者がバグを見つけるスキルを使ってブラックボックステストを駆使し、ユーザー目線でどんどんバグを見つける、という流れになっていました。

　しかし現代のアジャイル時代ではそういった分断はなく、いかにして早くリリースするかをテストと開発者で考え、分担しなければならなくなりました。当然数ヶ月にもなる大規模なシステムテストは許されなくなり、1、2週間でシステムテストを終了しなければいけない[*1]。そうなってくると日々のアクティビティが大変になってきて、なるべく全部自動で行えるようにするべきとされ、マニュアルテストの作業は敬遠される作業になってきました。CI/CD（Continuous Integratin/Continuous Delively）はそんな需要から生まれたともいえるでしょう。

今後はテスト担当者もホワイトボックスを理解し、そのテストとしての限界を把握し、短いイテレーションでのテスト戦略を開発者と一緒に考える作業が重要になってくることでしょう。

ホワイトボックステスト
&
ブラックボックステスト

図2-2：アジャイル時代の役割分担

---

*1　テスト作業をイテレーションの中に入れず、イテレーションとは同期しないようにしているチームもありますが、筆者はそれには賛同できません。アジャイル開発ではテストチームも一緒になって短いイテレーションでテスト活動を完遂するべきです [BAB12]。

2.1 | どんなテスト手法が有効か

　この章ではホワイトボックステスト手法をいくつか紹介します。そのほとんどが何十年にもわたって研究され、それらを使用することによりソフトウェアの品質が改善されると証明されています。しかし、「どのテスト手法を適用すべきなのか」を常によく考えてください。

　テストは限られた時間で行う最大公約数的な仕事です。プログラミングも限られた時間内で行う作業ですが、時間が足りなくなった場合は一部の機能を削除することで帳尻を合わせることもできるでしょう。

　しかし、テストの場合は、時間が足りないためにある機能をテストしないという選択肢はあり得ません。たとえばテストする時間がないからといって、ファイル保存機能をまったくテストせずに出荷することはできません。このように、テストをはじめる前にテスト手法を十分吟味し選択する必要があります。

　ここで1つ、ホワイトボックステストにまつわる大きな誤解について説明しておきましょう。たまに、ホワイトボックステストは非常に高価で、ブラックボックステストより優れていると主張するエンジニアがいます。これは大きな間違いです。なぜなら、**ホワイトボックステストは論理構造の正しさのみをテストするため**[2]、**ソフトウェアの仕様が間違っていることから起こるバグは発見できないのです。**

　そのため、ホワイトボックステストだけでテストを終了させることはできません。ホワイトボックステストとブラックボックステストの優劣を比較することはほとんど意味がないことを覚えておいてください。では、具体的なテスト手法を紹介していきましょう。

---

[2]　余談ですが、開発者における単体テストであまりモック（mock）を使わない開発者がいます。実際のデータや実際に使われるAPIを使ったほうが、よりユーザーに近い環境でテストできるという理由で。しかしホワイトボックステストは論理構造をチェックするので、その関数のみでテストできるよう単体テストは組むべきです。さらに単体テストは往々にしてスピードが要求されるので、そういう意味でも積極的にモックを使うことを推奨します。

2.2 | プログラムの振る舞いをテストする
―制御パステスト法―

制御パステストは、プログラムがどのような振る舞いをして、どのように制御・実行されていくかをテストします。これは、テスト手法の中でも基礎的かつ必須の手法であり、制御パステストからは逃げられません。なぜかというと、網羅率の値を取るために使われるからです。皆さんの会社でこんな会話はありませんか?

- あんまりテストを知らない上司:
  「うーん、60%のカバレッジじゃ足らないから80%まで持っていってほしいな」
- カバレッジを完全に理解していない部下:
  「そうですか、経験的にいうと80%は難しいんですよね」

以前「いまさら聞けないソフトウェアテストの手法」というセミナーの講師をしたとき、満員の会場に品質管理業務に携わる管理職の方々もいたのですが、制御パステストについてよく知らない方も多かったようです。知らないけれども管理職をやっている人もいるんだなと驚いた記憶があります。

確かにこの手法を知らなくても業務はやっていけます。しかし、知っていればもっと業務の幅が広がりますし、なにしろ心配の種が減ります。

ある大手家電メーカーの品質保証部長(筆者の勤務先ではありません)は、製品ラインアップが複雑化したため、単純なテストケースだけでも膨大な量になり、製品を出すのが心配でしょうがない、そして品質に自信がないと語っておられました。制御パステストはエンジニアに自信を与えるテスト手法です。「この製品の品質とは」と聞かれたときに「80%のカバレッジを実現しています」と答えられるようになるわけですから。

2.3 | 大人気ゲームソフトのバグ

　さて、本論に入る前に事例を1つ紹介しましょう。以前、ファイナルファンタジー VIII にバグが見つかり新聞に載るような騒ぎになりました。このバグは、ゲームのプレイ中に、以下の3つの条件が重なった場合に起こると伝えられました。

① 3枚目のディスクで「トラビア渓谷」をクリアする

② ①の後に「セントラ遺跡」での制限時間つきイベントに臨む

③「セントラ遺跡」内での敵との戦闘中に制限時間に達した際に、「やめる・ゲームオーバー」を選ばずに「遺跡入口まで戻って再トライする」を選ぶ

　フローチャートを見るとわかりますが、それほど複雑なプログラムとは思えません。もし、テスト担当者が制御パステストを行っていればこのような大きなバグは発売前に見つけることが可能だったはずです。

制御パステストによるコードカバレッジテストの本質は、このようなフローチャートをちゃんとカバーすることにあります。

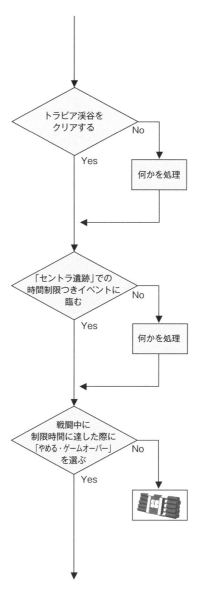

図2-3：ファイナルファンタジーVIIIのバグのフローチャート

2.4 | ステートメントカバレッジ

　はじめに、制御パステストの中で一番簡単に理解できるステートメントカバレッジ[*3]を説明します。ステートメントカバレッジでは、コード内の命令文（ステートメント）を少なくとも1回は実行します。以下のようなプログラムを考えてみましょう[*4]。

```
if (con1 == 0){
    x = x + 1; // ①
}
if (con2 > 1){
    x = x * 2; // ②
}
```

　このプログラムに対して、開発者なら①と②の部分をまずテストし、それでテスト終了と考える方が多いのではないでしょうか？

　その場合、テストケースはcon1 = 0とcon2 = 2の場合で命令文①②は対処できます。これがステートメント（命令文）カバレッジです。このプログラムのフローチャートを書いてみると図2-4のようになります。

[*3] 本書ではC0、C1という用語を一貫して避けています。理由については後の章のコラムで紹介します。

[*4] ここではCのコードを例として挙げています。テスト担当者は必ずしも複雑なプログラミング言語のスキルは必要ないと思いますが、プログラムの基本構造だけは学ぶことをお勧めします。CでもJavaでも書店で売っている一番簡単で薄い本を買って理解するだけで十分です。要は開発者と同じ言葉で話すために必要なプログラミング言語知識だけは持っていたほうがいいということです。

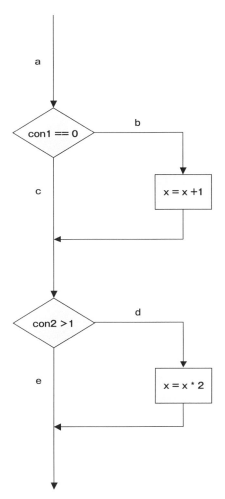

図2-4：cとeのパステストが抜けている

　しかし、**図2-4**を見ると、con1 = 0とcon2 = 2を入力したとしてもc、そして
eのパスを通るテストが抜け落ちていることがわかるでしょう。たとえば、開発
者がcon2 > 1と書くべきところをcon2 > 0と書いてしまった場合のバグはス
テートメントカバレッジ手法では見つかりません。

　このようにステートメントカバレッジは、まったく役に立たないとまではいい
ませんが、非常に弱いテスト手法です。プログラムによっては、ステートメント
（命令文）よりも分岐でのエラーが多く、かつ発見されにくい傾向にあります。

　製品の例で考えてみると、会計用のソフトで出金や入金の額が異なっていた
ら大変な問題になりますし、その演算のバグが発見されたら該当する機能を書い
た開発者は非常に恥ずかしい思いをします。たとえば、商品の定価に消費税10％
を上乗せするソフトウェア処理があった場合、計算によって商品の値段が
5倍になってしまうコードを書いた開発者は同僚との飲み会でさんざん馬鹿にさ
れるでしょう。そのため開発者はリリースする前に誰に指示されるでもなく自分
でテストを行い、計算プログラムがちゃんと動いているかをチェック（ステート
メントをチェック）するはずです。

　ですが、リリース前に分岐コードをデバッガで確実にチェックする開発者がど
れだけいるでしょうか？　次は、この分岐のコードをチェックするテスト手法を
紹介します。

2.5　ブランチカバレッジ

　ステートメントカバレッジでは、分岐条件のすべてはカバーできない場合があ
ります。そこで、より強力なカバレッジ手法であるブランチカバレッジについて
説明します。

　ブランチカバレッジは、分岐コードに対してそれぞれの判定条件がTRUE、
FALSEの結果を少なくとも1回ずつ持つようにテストケースを書きます。**図2-4**
のフローチャートをカバーするために、ブランチカバレッジではcon1 =0とcon2
= 2のテストケースと、con1 = 1とcon2 = 1の2つのテストケースが要求されま
す。そうすることによって、フローチャートで示すすべてのパス（a、b、c、d、
e）が網羅されます。

　このように、ブランチカバレッジは網羅するという意味ではステートメントカ
バレッジより強いのですが、テストケースの数がかなり増える点が問題です。た
だ、常識的にはステートメントカバレッジだけでテストを終了することは非常に
危険だとされており、そのほかに最低でもブランチカバレッジを実行せよという

学者が大勢のようです[BEI90] *5。

　さらに付け加えるならば、プログラムのバグの多くの部分は分岐であったり、例外処理であったりします。分岐が正しく書かれているかをチェックするのがブランチカバレッジです。そういった理由からもブランチカバレッジを最低限と定義するのは悪くないアイディアではないでしょうか？

2.6　カバレッジ基準

　さて、ここではどのくらいコードをカバーすれば妥当かについて考えてみましょう。100%が理想ではありますが*6、ミッションクリティカルなソフトウェア製品開発の企業を除き、ほとんどの企業では時間と費用が許してくれないでしょう。

　筆者は一般の商用ソフトウェアならブランチカバレッジ80%程度を推奨します。以前は60〜90%と言及していた時期もあるのですが、**面倒くさいので（？）80%**と言い切っています。

　網羅率ベースの単体テストはCI/CDで毎日のように、もしくはpull-requestごとに実行されます。そこで数多くのバグを見つけられるので、ブランチカバレッジに重きを置くテスト戦略は妥当性のある戦略だと思っています。ただ、生死に関わるソフトウェアや大規模の損害が伴うソフトウェアは、ブランチカバレッジを100%にすることを選択肢として持つことができます。

　しかし、実際には多くのソフトウェアがカバレッジを正確に測定することなく、だいたい60%程度のテストを実施した状態で出荷されています[GLA03]。ただ

---

*5　ブランチカバレッジより上の基準があります。

*6　100%が理想と書きましたが、万が一無限大の時間があった場合という意味です。実務的には100%を目指すことは無意味で[TIK16]、90%から100%にもっていくのに経験的には膨大なコストがかかります。筆者の経験から、テストコードの行数は、常に実際のプログラムの行数よりも多い傾向があります。これは論文でも言われています[GUE14]。80%のコードカバレッジを目指すと、同等の行数のテストコードを書くことになります。また、100%実施したからといって、すべてのバグは見つかりません[ANT18]。そのため、筆者はコードカバレッジが80%を超えた時点で、網羅率を上げるよりも、もっと有効なテスト手法がないかを探すことにしています。

それは平均であって、最悪20%しか網羅せずに出荷してしまうこともあり得ます。**図2-5**は古いですがヒューレット・パッカード社（以下HP社）のデータです。このように高ければ80%、低いと20%のカバレッジというデータもあります [GRA93]。

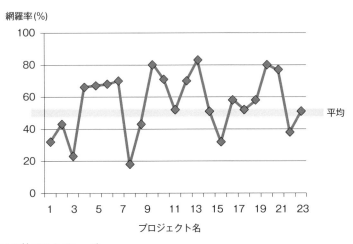

図2-5：HP社でのカバレッジ

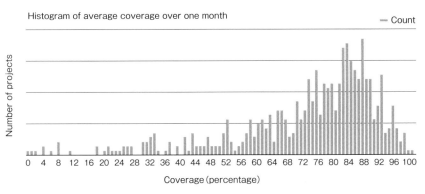

図2-6：Googleにおけるコード網羅率の例

さて新しいところを見ると、**図2-6**に示すのがGoogleでのコード網羅率のデータです。ほとんどのプロジェクトで70%をオーバーしています。Googleは内部ガイドラインがあるらしく [GOO20]、

- 網羅率60%：許容範囲（Acceptable）
- 網羅率75%：推奨（Commendable）
- 網羅率90%：模範的（Exemplary）

だそうです。とてもリーゾナブルな基準ですね。また、Googleではいくつか興味深い基準があります。

☑ 低いコード網羅は大きいエリアがテストされていない（low code coverage number does guarantee that large areas of the product are going completely untested）

☑ 高いコード網羅だからって品質が高いわけじゃない。もし高品質を確認したい場合はミューテーションテスト（mutation test16*7）を使うのも手（A high code coverage percentage does not guarantee high quality in the test coverage）

☑ よく変更されるコードは網羅されるべき（Make sure that frequently changing code is covered）

☑ レガシーコードの網羅率を放っておくのはいいけれど、少しずつ網羅率を上げていきましょう（You can adopt the 'boy-scout rule': (leave the campground cleaner than you found it)）

まあ誘導尋問のようになってしまいますが、Googleとあなたの組織の状況はそれほど変わるものではありません。Googleにしろ、レガシーコードを網羅するのは困難だと感じています。1か0かではなく、そこは大人の判断でだんだんと網羅率を上げていくのは悪くないアイディアです。しかし日本の多くの会社は、1か0の判断のときに0のほうを選んでしまうことが多い気がします。そう「臭いものには蓋をしてしまおう」的なこと、皆さんはやっていないですよね？

---

*7　Mutation testing：諸説あるようですが、mutant（（変異や、バグ）ありコード）をコードにわざと埋め込み、そのバグを既存の単体テストが発見できるかを確認し、単体テスト自体の品質を確認する手法です。ミューテーションテストについての詳細は拙書『ソフトウェア品質を高める開発者テスト』を参考にしてください。

　カバレッジを測り、さらに時間的な余裕があれば、なぜテストケースが70%カバーできて、残りの30%はできないかを検討する価値は十二分にあります。しかし「テスト担当者にコードを見ろというのか！」という反論があるかもしれませんし、残念ながらコードを読む作業はテスト担当者にとって難しい場合もあります。

　テスト担当者がコードを見て解析することが困難な場合、開発者にカバレッジの結果を見せて意見を求めることをお勧めします。開発者にとってテストという作業は面倒だという固定観念がありますが、テストの担当者が工学的手法をベースに協力を求めている場合に限っては献身的に対応してくれるようです。

　もし協力が得られなさそうであれば、専門のコンサルタントを雇ってみるのはどうでしょう。コンサルタント料は高いし、小難しい机上の理論ばかり振りかざすイメージがあり、実際そうだったりもしますが（あくまでも一般論です）、目的を持って高度な仕事を頼めば十分役に立ちます。たとえば、1週間だけ仕事をお願いしてカバレッジ結果の解析を行わせる、などはコンサルタントの賢い利用方法でしょう。

2.7 ｜ カバレッジテストで検出できないバグ

　カバレッジテストですべてのバグを見つけるのは理論的に不可能です。 また、100%のカバレッジを達成したからといって、必ずしもそのソフトウェアの品質が高いとは限りません。カバレッジテストでは以下に示すようなバグが見つけられない場合があります。

- プログラムのループに関するバグ

- 要求仕様自体が間違っていたり、機能が備わっていなかったりするバグ

- データに関するバグ

- マルチタスクや割り込みに関するバグ

これらについて1つずつ説明していきましょう。

2.7.1 プログラムのループに関するバグ

　ループに関してはカバレッジ基準が定義されていないため、カバレッジによるテストの効果が期待できません。テスト担当者にとって大きな問題は、プログラムのどこにループがあるのかがわからないことです。さらにループのコードは一般的に複雑なため（たいていの場合、何をやっているか想像できない）テスト担当者がカバレッジテストとしてテストするのではなく、開発者自身が注意するか、そうするように仕向ける必要があります。

　とはいっても、多くの場合開発者は「そんなことはテスト担当者にいわれなくてもわかってるよ！」[*8]と反論すると思いますが……。しかし、ループのバグははっきりいってツライ。無限ループに陥ると、最悪の場合プログラムが制御不能になる恐れもあります。以下に無限ループの原因になりやすい「テストの対象とすべき」要件を示します。開発者との間でよく話し合ってどのようにテストするかの戦略を決めてください[*9]。

- ループをしない場合（いわゆるループのルーチンがスキップされる場合）をテストする
- ループの回数が1の場合をテストする
- 最も典型的なループの回数をテストする
- 最大ループ回数より1少ない数でテストする
- 最大ループ回数でテストする
- 最大ループ回数＋1をテストする

[*8]　とはいうもののコンサルタントをやっていると、ほとんどの会社でプログラムのループの単体テストのコードを見ることは稀です。

[*9]　ループを使わない方法としてiteratorを使う方法があり、それを使えばかなりループ特有のバグをなくせます。Rubyなどの言語にはすでに実装されています。今はデザインパターン[GAM99]やアーキテクチャパターン[BUS96]の議論が円熟期を迎えているので、ソフトウェア品質を高めるうえでそれらを利用するのはとっても重要です（ちょっと高度な話題でした）。

2.7.2 要求仕様自体の誤りや機能が備わっていないバグ

テストは「ソフトウェアが要求仕様通り動くかどうか」をチェックする作業です。残念ながら仕様自体が間違っていたらバグは検出できません。また機能がごっそり抜けていても当然検出できないので、カバレッジテストがある程度終了した段階で要求仕様に基づいた機能のテストを実施すべきでしょう。

しかし、実際のソフトウェアの開発では、ユーザーの漠然たる要求（ソフトウェアを知らない人が、好き勝手に希望を述べること）を正確な要求仕様に落とすことが一番難しい作業です。この問題を説明するのに筆者はよく以下のような例を使っています。

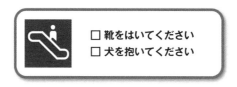

図2-7：要求仕様自体の誤り

エスカレータの横に**図2-7**のような標識が立っていたとしましょう。別段問題のない内容に思えます。しかしこれがソフトウェアのプロ（というより偏屈な人）になると、エスカレータに乗るときは必ず犬を抱かねばならぬのか？ ならばエスカレータに乗るとき犬は必須条件なのか？ もし靴を買って紙袋に入れてあるときはわざわざそれを出してはかねばならないのか？…… と考えることになります。

こんな簡単な標識でも矛盾があるのですから、実際の顧客要求をソフトウェアに展開する場合は矛盾だらけ、抜けだらけの世界です。そしてそれらがテストできずに出荷され、問題が起こるのも常です。

2.7.3 データに関するバグ

　ざっくり「データに関するバグ」と書いてしまいましたが、昨今のソフトウェアは制御のバグよりデータのバグのほうが多くなっています。それも多種多様なバグが発生しています[*10]。

　プログラムには、データの排他制御、データベースの処理、外部からの多量のデータの取得などのさまざまなデータを扱うコードが含まれています。

　たとえばdivided zeroといわれるバグです。ゼロで割り算するとコンピュータはパニくります。4÷0を考えても、数学をかじっている人は「無限大じゃない？」となりますし、普通の人は「割れないんじゃない？」となりますが、コンピュータは普通、ゼロ除算エラーを出すことになります。

　問題は、プログラムがこのようなデータを適切に使用しているかについてはカバレッジテストでは発見できないことです。したがってほかのテスト手法を使う必要があります。しかし現代のソフトウェアではデータに関する網羅は時間がなくてできない、もしくはツールがないのでできない状況にあります。

2.7.4 マルチタスクや割り込みに関するバグ

　この領域のテストはまったくの空白です。いくつかの優れた研究はあるのですが[TAK08] [BAL11]、実務で使うのはかなり困難です……と書いたのは10年前でした。しかし10年過ぎた今でもマルチタスクやマルチスレッドのバグは未解決領域のバグです。さらに、マイクロサービス化が進み（マイクロサービスはソフトウェアの開発という立場では非常に優れた方針ですが、品質に関してはよりその担保が難しくなっています）、より困難な状況になっています。

　そのためマルチタスクのテストは「がんばって！」としか言いようがないのが現状です。さらに問題なのは、マルチタスクや割り込みが大きなバグを生むよう

[*10]　昔はこういうデータもちゃんとデータフローとしてテストしていたのですが[POS96]、今はそこまでやると大変だから（筆者の個人的妄想）、やめちゃったのでしょうか。網羅率80%担保だけでも大変な世界なのに、さらに大変なものまで突っ込みたくないのが心情でしょう、開発者にとっては。

になっている点です。以下、筆者の経験から得たいくつかの注意点を挙げておきます。

- データはプロセス・スレッド間で共有されているかをチェックする。もし共有されていたらそのデータに関してのアクセスパターンを分析しテストケースを作成する
- すべてのプロセス・スレッドについて生成と消滅の組み合わせをテストする
- できるだけたくさんのプロセス・スレッドを立ち上げてテストを行う（プロセスやスレッドが突然死んだり、終了させることができなくなったりする場合がある）

と書いてはみたものの、残念ながら対症療法的なことしか示せないのが現実です。

　この分野は筆者の研究分野ですし、世界中でも結構研究されているのですが、まだまだな状態です。後の章で紹介するカオスエンジニアリングもこういったマルチプロセス・スレッドの問題を解決する手段ではあるものの、ランダム感が拭えないので、決定的なソリューションではありません。

2.7.5 命令網羅がいいか、分岐網羅がいいか

　上記でステートメントカバレッジとブランチカバレッジを説明しました。昭和の時代では、それではブランチカバレッジを採用しましょう！　で通ったのですが、実状は多少違うので補足説明が必要だったりします。

　まず、2023年現在の Google ではステートメント網羅を使っているようです。

　師である James も Google を引っ張っていた1人です。今度会ったら聞いてみたいですが、「そんなん知らねーよ！」という答えが返ってくるのは目に見えています……。

　Google の開発手法はあらゆるところで賛美されていますが、もし読者が Google の情報を参考にする際は必ず、Google が広告収入で成り立っている会社であり、そのための手段としてソフトウェアを提供している、ということをきちんと理解

して自社のソフトウェア開発に取り組むべきでしょう。もし自社製品が顧客から直接収入を得ていたり、顧客に対してダウンタイムを保証したりするのであればブランチカバレッジを筆者は強く勧めます。

実は、ブランチカバレッジの採用にはもう1つ問題があり、現代のコンパイラや言語仕様的にちゃんとサポートしない傾向があり、またカバレッジテストの本質を理解していない人も増えています。たとえばGo言語の開発者を見ると、ブランチカバレッジの有用性や、カバレッジ品質の理解やコード品質の担保が他の側面より軽視されているような気がします[11]。

2.7.6 カバレッジテストの罠

カバレッジテストは非常にコストがかかるテスト手法です。大規模ソフトウェアであればあるほど、カバレッジテストをすると決めた時点でこのテストに対する予算をしっかり組んでおく必要があります。特に80%を超えるような高いカバレッジを目標としている場合には覚悟しなければならないでしょう。

図2-8のように100%に近づくほど、カバレッジテストにかかるテスト費用は等比級数的に増加していきます。

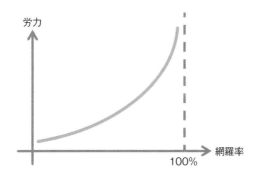

図2-8：網羅率のコストの増加

---

[11] https://github.com/golang/go/issues/28888 を見ると "The simplicity of the current implementation is worth a lot." とか "It would be nice if branch coverage would be supported, too." とありますが、筆者的にはステートメントカバレッジを捨ててブランチカバレッジをサポートしてほしいと思ってしまいます。

 **C0やC1という用語を使わないほうがいい理由**

本書では一貫してC0とかC1の用語を網羅の基準用語では使用してきませんでした。日本ではC0とかC1はよく会話の中で出てきますが、外国の人と話すときはステートメントカバレッジとかブランチカバレッジといった表現をする場合が多い気がします。実際にISTQBの用語集でC0とかC1を検索してもヒットしません。もちろんstatement coverageやbranch coverageはヒットします。

ISO/IEEEといった論文の世界でもC0とかC1とかはあまり使われていません。では誰がC0／C1カバレッジを使い始めたのでしょうか。テストの古典的書籍を探ってみると、Jorgensenの『Software Testing』という書籍では、143ページに「The statement coverage(C0) is still widely accepted」という記述があります。そしてMillerという人がはじめにC0とかC1とか定義したらしいということもわかりました。しかしそのMillerの論文は1980年代のためネット上では検索できませんでした。まあ国立国会図書館に行けば検索可能かもしれないけれど、そこまでテストの歴史のマニアではないのでやめました。

ただ同時期に出たBoris Beizerの書籍には「誰に聞いても100%ステートメントカバレッジ（C1）は大変だ」という記述も見つかりました。この書籍はテストエンジニアにとってはバイブルのような書籍です。なぜBizerがC1という記述を書いたのかは今もってよくわからないけれど、彼の書籍では一貫してステートメントカバレッジ、ブランチテストを指してその用語が使われています。Beizerは20年前に一度会って話したことがあるけれど、今は鬼籍に入っているので確認する方法もないのが残念です。

筆者が若かりし頃、C0とかC1とかの定義は曖昧になると聞いたことがあります。現在ISTQBのシラバスにC0とかC1の記述がないのは、この曖昧さを排除した賢明な選択だったのかもしれません。しかし誰なんだろう？ その頃のISTQBの用語グループの人は。

3章

章

エンジニアが
最もよく使う手法
―ブラックボックステスト―

　筆者はいつも「ソフトウェアテストは簡単で楽しい」と言っています。実際、多くの人が同様の意見を持っています。ある基本さえ理解できれば、それを楽しく想像しながら応用するだけです。本書では、かなり山師的ながら、筆者がフロリダ工科大学にいたときのJames Whittakerの手法を採用し、それを筆者が展開するというアプローチを取っていくことにします。

　James曰く、「ソフトウェアというものは4つの仕事しかしない。なので君らはその4つの振る舞いをテストすればよいのだ」と。その4つとは、入力を処理する、出力を処理する、計算を行う、データを保存する。それらに対して適切にテストすれば、ほとんどのバグが発見できます。そしてその理論は至極正しいわけです。

　Jamesは、**4つの振る舞いさえテストすればカンペキ！**とステキな提案をしてくれました。ここからは、4つの振る舞いを詳しく見ながらブラックボックステストについて紹介していきます。

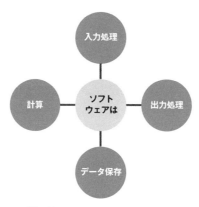

図3-1：ソフトウェアの4つの振る舞い

3.1 | ブラックボックステストの基本
―境界値分析法―

　ブラックボックステストは、プログラムを一種のブラックボックスと見立て、さまざまな入力を行うことによって、ソースコードを利用せずに（見ずに）テストを行う手法です。

　境界値分析法[*1]は、そんなブラックボックステストの中でも基本中の基本であり、最もよく使われる手法です。しかし、最もちゃんと理解されていないテスト手法でもあります（簡単なようで結構難しいのです）。

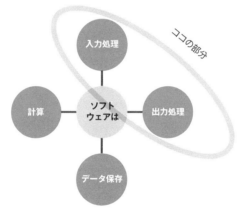

図3-2：境界値テスト

　まず**図3-2**を見てみてください。入力処理と出力処理をソフトウェアが適切に行っているかをテストするのが境界値テストです。

[*1]　本書の本版から同値分割に関する記述を全面削除しました。理論的には境界値テストをちゃんとすれば同値分割のテストは必要なく、ボリスバイザの書籍にも同値分割の記述はありません。経験的にもムダにテストケースを増やすのも同値分割をするからだと考えています。

3.1.1 簡単な境界値分析の例

例を挙げて説明しましょう。Windows付属のエディタソフトであるワードパッドを起動し、0ページから0ページまでを印刷するように設定してみてください。そこで印刷ボタンを押すと、「0ページというページ範囲は無効」というメッセージが表示されます。もしプログラムに対して境界値分析を適切に行っていなければ、エラーメッセージを表示する代わりにプログラムがハングアップを起こしたり、ほかの障害が発生したりするはずです。実際にそのようなアプリケーションも（製品名はいえませんが）多々あります。時間のある方は、いろいろなアプリケーションでこの方法を試してみることをお勧めします。

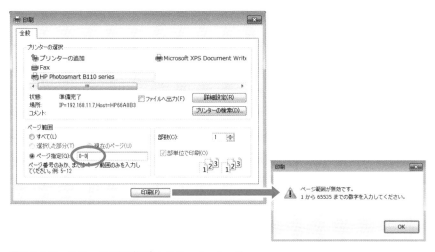

図3-3：ワードパッドの印刷設定とエラーメッセージ

このように、境界値分析は、ユーザーによるさまざまな入力に対してソフトウェアが十分対応できるかどうかを確認するテスト手法です。ユーザーの入力は多様であるため、入力データを分析し、境界値に対する処理が適切に行われているかをチェックします。

バグの住む場所を探す
―境界値分析法―

3.2

プログラムで「境界」と呼ばれる場所は常にバグが潜んでいます。そのため、境界値近くは詳しくテストする必要があります。**図3-4**で「このへん」と書いた周辺がまさに境界であり、詳しく分析してテストをする必要があります。

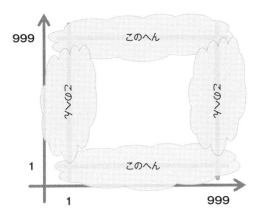

図3-4：境界にはバグが潜んでいる

＜要求仕様＞

1ページ未満の印刷をユーザーが要求した場合にエラーを表示すること

本章の冒頭で示したワードパッドの印刷のエラーメッセージの例を思い出してください。正しいコードは以下のようになります。

```
if(a >= 1){
        // 印刷処理
} else{
        //エラー処理
}
```

このコードの場合、4つのタイプのバグが起こり得る可能性があります。

●タイプ 1：＞と＞＝の間違い（閉包関係バグ[*2]）

たとえば、"＞＝"とすべきところを"＞"とミスタイプした場合です。こんなコードはバグになります。

```
if(a > 1){
        // 印刷処理
} else{
        //エラー処理
}
```

●タイプ 2：数字の書き間違いやスペックの読み違いなど

コード例は、"1"とするべきなのに、間違って"2"としてしまった場合です。

```
if(a >= 2){
        // 印刷処理
} else{
        //エラー処理
}
```

●タイプ 3：境界がない

条件文を書くのを忘れてしまった場合などです。次のようなコードはバグになります。

[*2] "＞"と"＞＝"の間違いを閉包関係バグと呼びます。"＞＝"と"＞"を間違えた場合も同様です。

```
if(a >= 1){
// 印刷処理
}
//else{ ここから3行がコメントアウトされている
        // エラー処理
//>}
```

● タイプ4：余分な境界

不必要な境界を加えてしまった場合などです。

```
if(a >= && a < 10){
        // 印刷処理
} else{
        //エラー処理
}
```

以上のサンプルコードで示したような境界値のバグを見つけるために、境界値をテストすることになります。

3.2.1 境界をテストするには ～On-Offポイント法～

さて、境界が問題になりやすいことがわかったところで、続いて境界のどこをテストするのかを説明していきましょう。

境界のどの値をテストするかを考えるにはOn-Offポイント法[3]を用いるのが一般的です。

---

[3] On-Offポイント法はかなり難しい概念です。本書ではなるべく簡単に説明していますが、理解できない場合はさらにBeizer著の『ソフトウェアテスト技法』などを参照してください。

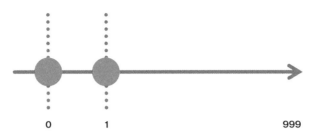

図3-5：On-Offポイント境界値

　少々子どもっぽい例ですが、東京と埼玉の県境を例に考えてみましょう（関東以外の人にはちょっとわかりにくいかもしれませんが、一応筆者が埼玉出身ということもあってこの例でいきます）。テストを実行するときは境界（都県境）に一番近い2つの異なる点（都市）を選びます。東京（東京側の境界）でいえば「北区赤羽」、埼玉（埼玉側の境界）でいえば「川口市」の2点をテストする必要があります。この場合、なるべく都県境に近い点をテストします。六本木や渋谷などは埼玉県との境界付近にはないのでテスト対象にしてはいけません。

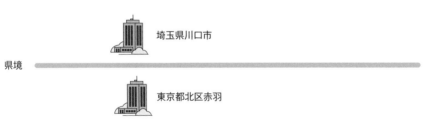

図3-6：東京都と埼玉県の県境

　再び実際のプログラムの例に立ち戻って考えてみましょう。先ほど示した要求仕様は「1ページ未満の印刷をユーザーが要求した場合にエラーを表示すること」でした。このプログラムのためにテストケースを書く場合、2点の値をテストするテストケースを設計すれば、境界値のバグは防げます。

＜正しいテストケース例＞

テストケース1：1を入力

　結果：正常な処理がなされること

テストケース2：0を入力

　結果：エラー処理がなされること

　2点の値をテストするテストケースを示しましたが、この「2点」とは、**異なる処理が行われる一番近い2地点のこと**です。この例では、異なる処理が行われる分岐点は0と1の間で（仮に0.5としても構いませんが）、それに一番近いのは0であり、1です。「ならば-1と2でもよいではないか」という意見もあるかもしれませんが、それは間違いです。先に「境界値には4つの種類のバグがある」と説明しましたが、-1と2を入力するテストケースだけを考えると、タイプ1のバグが見つかりません。ちょっとテストケースを書いてみましょう。

＜間違ったテストケース例＞

テストケース1：2を入力

　結果：正常な処理がなされること

テストケース2：-1を入力

　結果：エラー処理がなされること

　一見したところ、テスト結果に問題はないように見えますが、もう一度タイプ1のバグを含むコードを見てみましょう。


```
if(a > 1){
        // 印刷処理
} else{
        //エラー処理
}
```

「間違ったテストケースの例」を用いて、このコードをテストしてもバグは見つかりません。読者によっては「そんな簡単なミスはしないよ！」と思うかもしれません。しかし、読者の皆さんは、4つのタイプのバグを頭に入れながらテストケースを書いていますか？　何千を超えるテストケースを正しく書くのは並大抵の努力ではできませんし、多くのテスト担当者は境界値の基本を知ってか知らずか、テストケースに正しく反映させていません。境界値テストは基本中の基本です。正しく書くにはそれなりの時間が必要です。時間を惜しまず実行することをお勧めします。

3.3 複雑な入出力のためのテスト
—ディシジョンテーブル—

ディシジョンテーブルテストも非常に古くから用いられている手法です[JOR02] [BEI90]。ディシジョンテーブルでは、すべての入力の組み合わせを表にし、その入力に対する動作もしくは出力を明記します。

表には、状態、ルール（状態の組み合わせ）、動作（アクション）がまとめられ、その表の通りテストを実行します。これによってすべての入力パターン（状態）がテストされ、その入力パターンが期待通りの動作をしているかが「動作」によって確認されます。この方法は複雑な状態が絡み合う機能のテストで力を発揮します。サンプルを例に説明します。要求仕様は次の通りです。

＜要求仕様＞
入力Ａ：1から999まで入力可能
入力Ｂ：1から999まで入力可能
出力Ｃ：Ａ×Ｂ

これをプログラムとして書くと次のようになります。

```
if( a > 0 && a <= 999){
        //正しい値が入力されたときの処理
}
else{
        //間違った値が入力されたときの処理
}
```

　これをディシジョンテーブルで示してみましょう。まず、ソフトウェアがどのような状態を取り得るのかを切り分ける必要があります。以下の4つの組み合わせがあります。

- A、Bとも入力が正しい場合（ルール1）
- Aの入力が正しくて、Bの入力が正しくない場合（ルール2）
- Aの入力が正しくなくて、Bの入力が正しい場合（ルール3）
- A、Bとも入力が正しくない場合（ルール4）

　これら入力の4つの状態に対して、出力は次の2つの状態を取り得るものと考えられます。1つはA、Bとも入力範囲の値が入力され、正しく計算されて出力される場合。もう1つはA、Bのどちらか、もしくは両方の値が入力されソフトウェアが入力エラーを出力する場合です。

　これを表にまとめてみましょう（**表3-1**）。

状態	ルール			
	ルール1	ルール2	ルール3	ルール4
C1：A=正しい	T	T	F	F
C2：B=正しい	T	F	T	F
動作				
A1：計算値出力	√			
A2：入力エラー出力		√	√	√

T：TRUE（真）　F：FALSE（偽）

表3-1：ディシジョンテーブル

　この方法には問題が1つあります。表を使ったテストは非常に小さいソフトウェアか、あるいは大きなソフトウェアの一部分をテストするときにしか使うことができません。たとえば1000を超えるような項目をテストするのにこの表を用いるのはかなり困難です。

　逆に、項目が少なくかつ複雑な動きをするソフトウェアには非常に有効です。なぜなら、ある機能のテストがざっくり抜けることを防げるからです。8章の「8.3 テストケースの書き方」で紹介しているような方法でテストケースを書くと、どうしても分量が多くなり、一目で全体のテストケースの状態を眺めることができません。しかし、表にまとめれば全体のテスト構成を見渡せるので、テストケースの抜けを発見しやすくなります。

　そして、このディシジョンテーブルのテストもまた先に示したアイディアで説明できます。境界値テストでは入力処理1つに対しての処理でしたが、ディシジョンテーブルは多数の入力処理に対して、多数の出力処理を確認するといった意味と考えてもらっても問題ありません。

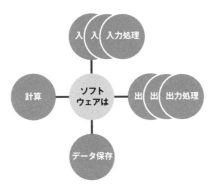

図3-7：ディシジョンテーブルテストのアイディア

3.4 | GUIをテストする
―状態遷移をテストする―

　有限状態マシン（Finite State Machine）は、たぶん多くの方が学校や職場で一度は見聞きした単語のはずです（もちろん覚えているかどうかは別です。筆者はテストを学んで初めて状態遷移について理解しました）。

　有限状態マシンはソフトウェアの設計から矛盾の検出などにも幅広く用いられます。ここでは有限状態マシンを利用した状態遷移テストを紹介します[MAR95] [BEI90]。

3.4.1 状態遷移とは

　ソフトウェアは一般的に常に同じ状態（ステート）[*4]にあるわけではなく、状態を変化させてユーザーに対するソフトウェアの操作を容易にしています。たとえばWordのようなソフトの場合、何もダイアログボックスを表示せずに、すべての機能をショートカットキーに割り当てているとしたら、非常に使いづらいソフトウェアになるでしょう。さらに、ソフトウェアの設計も難しくなります。

　そこで通常は、「印刷ダイアログボックスを表示している間は文章の編集ができないようにする」など、適宜ダイアログを表示させて機能を制限しています。もし、印刷ダイアログボックスが表示されているときに、さらに文書を変更できるようなソフトを作ろうとしたら、変更を印刷に反映させるために大量にコードの追加が必要になるでしょう。同時に、それがユーザーにとってよい機能といえるかは疑問です。

　そのため、ある程度ユーザーの操作に制限を加える必要が生じ、「状態（state）」という概念が生み出されたのです。ソフトウェアの種類によっては、状態の区別があまりはっきりしないものもあります。たとえばWindowsやLinuxのコマンドラインインターフェイスは状態遷移テストを使用する利点がほとんどありま

---

*4　ディシジョンテーブルの「状態」とは概念が異なります。

せん。なぜならいつでもすべてのコマンドを受け入れる状態になっているため、状態が1つしかないからです。

図3-8：コマンドラインインターフェイス（コマンドプロンプト）

　状態遷移テストとは、要は「状態」をモデル化してテストを行う手法といえます。まず、状態遷移は、大きく分けて状態（state）と遷移（transition）の2つによって表現されます。**図3-9**に示すように、ある状態からほかの状態に移るには入力Xによる遷移が必要です。

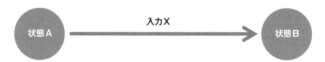

図3-9：状態遷移図

　たとえば、あるアプリケーションが立ち上がっている状態を「状態A」とし、アプリケーションが立ち上がっていない状態を「状態B」とします。状態Aから状態Bに移行するためにはアプリケーション終了遷移（多くは終了ボタンを押す）を経る必要があります。

　では、実際にWindows付属のメモ帳ソフトウェアを使って見てみましょう。まずここでは、ファイルを開くダイアログの操作とユーザー入力機能だけを考えてみましょう。状態遷移テストでは状態遷移マトリックス（表）を使うのが一般的です。そこで、上記の操作を**表3-2**にまとめてみました。

図3-10：メモ帳ソフトウェア

図3-11：メモ帳ソフトウェアの状態遷移

表3-2では状態（state）とイベント（event：たいていの場合は「入力」）の組み合わせにより、アプリケーションがどのような状態になるかを示しています。状態遷移テストでは、ソフトウェアがこのマトリックスの項目通りに動作しているかをチェックします。NAとあるのは「Not Applicable」の略で、設計上では

状態（state） イベント（event）	システム	入力待ち	ダイアログオープン
立ち上げ	入力待ち	NA（2つ目のインスタンスが立ち上がらないことを確認）	NA（2つ目のインスタンスが立ち上がらないことを確認）
メニューコマンド	NA	ファイルダイアログオープン	NA
入力	NA	入力待ち	NA
ダイアログ閉じる	NA	NA	入力待ち
アプリケーション終了	NA	システム	NA（終了しないことを確認）

NA（Not Applicable）：適用不可
システム：アプリケーションが立ち上がってない状態

表3-2：状態遷移マトリックス表

そのようなイベントは発生しないという意味です。たとえばダイアログが表示されているときに文字入力ができてしまうのはバグとなります。

3.4.2 状態遷移テストで見つかるバグ

Marick[MAR95] は、状態遷移テストでは以下のようなバグが発見されると述べています。

- **期待していない状態に遷移するバグ**
  これは、分岐やswitch文が正しく書かれていない可能性があります。
- **遷移自体がない場合**
  ある状態からある状態に遷移できないバグを発見できます。

状態遷移テストの利点と問題点

状態遷移テストでは、境界値分析テストなどとは異なり、いくつかの問題点が指摘されています。状態の数が多くなると、モデルが複雑化するとともにテスト項目が増えすぎてテストできなくなります。さらに、モデリングに時間がかかりすぎて実際にテストする時間を減らしてしまい、本末転倒になってしまいます。だいたい20とか30の状態ならば、手作業でモデル化（もしくは表を作る）できますが、状態が100を超えるレベルになったら、必ずサポートするツールを使用してモデリング効率を上げる必要があるでしょう。

たとえば、Linuxで動作するシンプルなアプリケーションであるxclipboardの状態遷移図を見てください（**図3-12**）。単純なものとはいえ結構複雑なことがわかるでしょう[TAK021]。読者が開発及びテストするアプリケーションは、これより複雑なアプリケーションがほとんどのはずなので、ツールを使うのは必須でしょう。

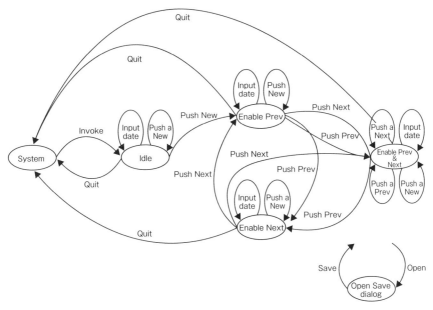

図3-12：xclipboardのステートダイアグラム図

さて、これまでGUIの例について説明してきましたが、状態遷移テストが適し
ているソフトウェアをまとめてみましょう。

- 複雑なGUI（Graphical User Interface）ソフトウェア
- オブジェクト指向ソフトウェア[BIN99]
- 通信プロトコルテスト

このうち、通信プロトコルテストは状態遷移テスト手法に一番向いています。
なぜならプロトコルは状態によって振る舞いが異なってくるからです。読者の製
品に通信プロトコル機能がある場合には状態遷移テストをお勧めします、という
より絶対にしてください。

3.5 | ブラックボックステストのまとめ

　一連のブラックボックステストを説明しました。ブラックボックステストは最も重要で、最も時間を費やし、最も簡単なテストだと筆者は思います。そして、このテスト手法から一番多くのバグが出るのもまた事実です。一方で、ブラックボックステストについて悩んでいるテスト担当者をよく見かけます。そんな人たちに筆者はいつもセミナーで**図3-13**のようなスライドを使って説明をします。

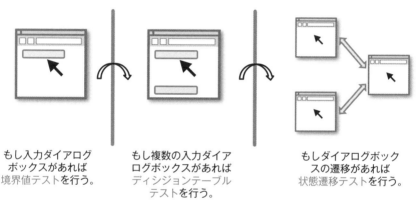

もし入力ダイアログ
ボックスがあれば
境界値テストを行う。

もし複数の入力ダイア
ログボックスがあれば
ディシジョンテーブル
テストを行う。

もしダイアログボック
スの遷移があれば
状態遷移テストを行う。

図3-13：ブラックボックステストのまとめ

　まず境界値テストを行ってください。そこで境界値に関わるバグをすべてつぶしてください。そして、もし入力エリアが2つ以上あるようなダイアログなどがあるようなら、ディシジョンテーブルテストを行ってください。そして状態が遷移するようなソフトウェアの場合は状態遷移を行ってください。もしそれ以上バグが出るようなら、それは非機能要求のバグですが、非機能要求のバグは非常に数が少ないはずなので、あなたが徹夜するような事態にはなりません！ それだけやればよいのです！ テストは簡単でしょ！？ という言い方をします。

もしそれでもバグが見つかる場合、次の2つの理由があります。

- あなたの境界値テストなどのブラックボックステストのアプローチが間違っている（ちゃんと本書を理解していない）
- ホワイトボックステストでしか見つからないバグが見つかった

1つ目の「あなたの境界値テストなどのブラックボックステストのアプローチが間違っている」というのは簡単です。もしテストケース以外のバグが出たら、なんで出たんだろう？ なんで抜けたんだろう？ と考えればよいわけですから。

「ホワイトボックステストでしか見つからないバグが見つかった」は、仕方のないことです。テストはバグを見つける最適な手段ですがカンペキではありません。というより筆者の経験からいえばソフトウェア内に潜在する60%ぐらいのバグをテストで見つけられれば御の字ではないでしょうか？（**表3-3**参照。すべてのバグを見つけられるテスト手法は存在しない）

ということは**とっとと楽して60%のバグを見つけ、そのほかのバグがなぜ発生したか、そしてどうやって防止するかに時間を費やすか**が、より建設的なテスト担当者の役割だという気がします。しかし世の中のテスト担当者を見ていると、毎日テストを実行し、むやみにバグを追いかけ、自らを忙しくしている人も多いです。もし本書がそういった方の一助になれば幸いです。

QA活動の種類（Activity）	レンジ
カジュアルなデザインレビュー Informal design review	25%〜40%
フォーマルデザインレビュー Formal design inspection	45%〜65%
インフォーマルなコードレビュー Informal code reviews	20%〜35%
フォーマルコードインスペクション Formal code inspection	45%〜70%
モデル化やプロトタイプの作成 Modeling and prototyping	35%〜80%
個人的なコードチェック Personal desk-checking of code	20%〜60%
ユニットテスト Unit test	15%〜50%
新機能のテスト New function（component）test	20%〜35%
統合テスト Integration test	25%〜40%
回帰テスト Regression test	15%〜30%
システムテスト System test	25%〜55%
小規模のベータテスト（10サイト以下） Low-volume beta test（< 10site）	25%〜40%
大規模のベータテスト（1000 サイト以上） High-volume beta test（> 1000site）	60%〜75%

表3-3：手法によるバグ発見率 [BEI90] *5

---

*5　1990年代の書籍からの引用ですが、ひとかけらも色あせてない内容で、アジャイル時代に
　　も十分通用するデータです。

4 章

探索的テスト

結局バグなんてテストで
全部見つからないんだから…

Juichi Takahashi

なんてことを言ってみました。矛盾だらけの本書ですが、ご勘弁を（まあ世の中矛盾だらけだし……）。

50ページで示したように、1つのテスト手法では50%程度のバグしか見つかりません。そこで、効率の高いとされる探索的テストなる手法を取り入れて、バグを見つける精度を向上させましょう。

探索的テストとはソフトウェアの理解と
テスト設計とテスト実行を
同時に行うテストである

Cem Kaner

Wikipediaには、「探索的テスト（Exploratory Testing）はテスト手法の1つであり、ソフトウェア機能を学習しながら、テスト設計とテスト実行を同時に行う。この手法は1983年にCem Kaner博士によって提言された」[*1]という説明があります。Cem Kanerは探索的テストを以下のように定義しています。

探索的テストとは、

- ソフトウェアテストの1つの**スタイル**である
- 個人に自由意志を持たせるとともに責任をより明確にする
- **一個人**のテスト活動である
- **継続的**にテスト活動を洗練させる

---

*1　http://en.wikipedia.org/wiki/Exploratory_testing（2023年5月時点での記述）

- 探索的テストは以下の活動を行う
  - テスト関連の**学習**
  - テスト**設計**
  - テスト**実行**
  - テスト結果を**報告**
- **成熟**したテスト活動
- 上記の活動をプロジェクト期間中**並行**して行う

Cem Kanerは、頭はいいのですが、いつもいい方が回りくどいのです。Wikipediaの記述「探索的テストはテスト手法の1つで、ソフトウェア機能を学習しながら、テスト設計とテスト実行を同時に行う」のほうがまだいくらかわかりやすいくらいです。現段階では読者の方は「？？？」なモードでしょうから、概念的に難しい探索的テストを少しずつ紐解いていきましょう。Cem Kanerの定義を筆者なりの、いい加減な記述にしてみると次のようになります（師匠に怒られそうですが）。

- すべてのテストを実施するのは時間的制約から望むべくもない。そして行ったとしてもすべてのバグは見つからない。それならいちいちテストケースを書く代わりに、製品を**学習**したうえでテスト**設計**して**実行**してバグ報告を並行してやってしまえば手っ取り早い。それは新しいテストの**スタイル**であり、ただ単にテストケースを書かないだけで昔からテストでやっていることと同じなんだから、探索的テストで効率よく昔からのテストケースベースのやり方と同等以上の成果を出そう！
- もちろんそういった作業を一気にやってしまうのだから、素人には無理なわけで、プロとして成熟した一個人のテスト担当者に責任を持ってやらせる！それなら絶対まぬけなバグが後から見つかったりしない！ *2

---

*2　どんな感じのプロがいいかというと、その製品ドメインに精通し、システムがわかっていて、一般的なソフトウェア工学の知識がある人のこと[ITK13]、とまあ結構ハードルが高いですね。

4.1 | テストケースベースのテスト
―versus 探索的テスト―

　探索的テストのコンセプトを軽く説明しました。たぶんほとんどの方がまだ「えーと……」な状態だと思います。この節ではテストケースベース（旧来のやり方）のテストと探索的テストそれぞれのメリット・デメリットを比較して、探索的テストの理解を深めていきます。

　まずは2つのテスト手法の効率について説明していきます。**図4-1**は2つの機能（フューチャー）において、探索的テストとテストケースベースのテストを行い、どのくらいのバグが発見されたかというデータです。統計的有意性には疑問がありますが、探索的テストがテストケースベースのテストに比べ優れているかというデータです [ITK08]。

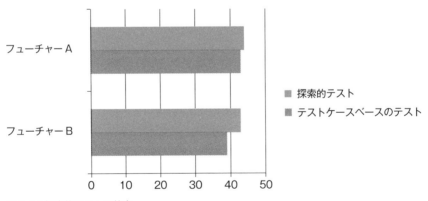

図4-1：探索的テストの効率

　探索的テストは常にテストケースベースのテストより効率の点で優れています。なぜでしょうか？ ちょっと旧来のテストケースベースのテストを定義してみましょう。

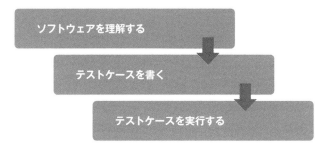

図4-2：テストの活動を同時実行する探索的テスト

　こんな感じです。何ら違和感はないはずです。しかし、そこに大きな落とし穴があり、それを埋めようとしているのが探索的テストです。たとえば皆さんのプロジェクトではこんなテストをやっていますよね？

- テスト設計・ケース作成を、早い段階で行う
- テストリリースが出てきて、その早い段階で作ったケースを実行する
- 同じテストケースをたくさん実行する

　これはもちろん悪いやり方ではないです。多くのテストの本もそうやれと書いています。

　一方で、これを読んで「違う」と思う人もきっといるはずです。上記の記述をネガティブに言い換えてみると、

- テストケースドキュメントなんて時間かかるし面倒だから書かない！ そんな時間があったら実際にテストする時間にあてたほうがいい（テストケースの作成）
- だいたい製品テストなんてどこにバグが出るかわからないし、**触ってみていろいろテスト**することでいろいろ問題がわかるんじゃない？（テストケースの実行）
- ナントカの一つ覚えのように繰り返しテストをやったって意味がない！ 開発者の習性とか、製品の癖なんかを考えながら**スキルのあるテスト担当者**がテストするからたくさん回帰テストのバグが見つかるんだ

と、なります。実際バグというのはテストケースを実行してもそれほど出てこないんですよね。テストケースを実行しながら、ちょっとこのソフトウェアの振る舞いおかしくないか？ たとえば何かの値を入れたときに、処理が遅くなる？ そんなときに優秀なテスターは大きな値をもっと入れて、ソフトウェアをハングさせることを試みたりします。

あるいは、実際にソフトウェアを触りながら、あれ？ なんかこの仕様おかしくない？ 初期値をこれに設定するとあきらかにアウトプットが変にならないか？ なんて考えているとバグが見つかることもあります。

4.1.1 あきらかにバグを見つける活動で、バグを見つけられる

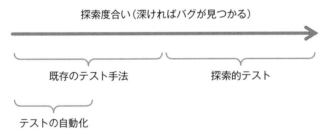

図4-3：探索の深度 [ITK16]

もちろん既存のテストは行います。でも探索（バグを見つける気持ち！）がないから、要求仕様に合致しているかだけのチェックになっちゃいますよね。そりゃバグが見つからないわけです。テストの自動化だって単に繰り返しているだけですし[*3]。

テストにおいては、やはりバグを見つけるための探索力が必要です。Cem Kanerの授業で覚えているのは、「電話機のシステムのテストケースの作成で、保留の最中に電話をちゃんと切ることができるかのテストケース」であり、そのテストが必要だという話をなぜか熱弁していました。彼曰く、自分は若い頃電話

---

*3　Cem Kanerに面と向かってこれを言われました。筆者が自動化についての修士論文の指導中に。そんなこと言われてもさー、もうこんなに書き進んじゃってるんだし……ってな感じでショックを受けたので覚えています。

サポートをしていて、うるさい顧客から電話が来たときに上司に相談しますと伝えて保留にするんだそうです。そして保留の数分後にがっつり切ってしまうそうです。そうするとその顧客はサイドサポートにつながるまで多くの時間を待ち、力尽きてしまうということです。

なんか探索的テストとはあまり関係ないように思えますが、システムを探索しながらテストケースを考えることは重要だと言いたかったらしいです。

4.1.2 探索的テストのバグの例

ここで1つだけ実例を示します。Microsoft PowerPointで「表の挿入」機能があります。そこで「10000」という列数を入れようとした場合を考えます（**図4-4**上）。

もちろんそんな10000列の表なんてメモリが圧迫されちゃうので、エラー処理によって入力した10000列ははじかれ、75列に強制的に置き換えられてしまいます。しかしここはスキルのあるテスト担当者、ただテストケースに書かれたことだけやってすまし込んでいる並の担当者とはわけが違います。なんとか10000列の表を作るぜ！ と闘志を燃やします。

そこでまずは75列の最大の表を作っておいて、それから挿入機能で76列目を作ろうと企てます。すると、あれ？ 76列目ができた！（**図4-4**下）

そうやって挿入を繰り返し、目標の10000列が作れてしまうわけです。昔のMicrosoft PowerPointはこれをやると確実にソフトウェアが不安定になっていきました（当然です、仕様書と違う使い方をするわけですから。でも今はハングすることはなくなりました）。

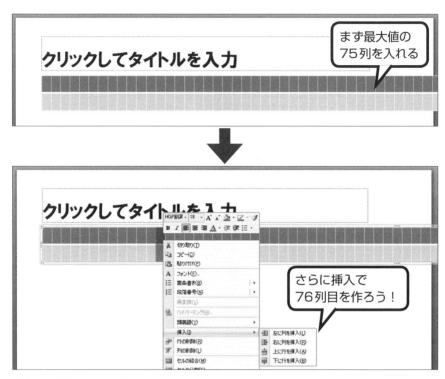

図4-4：探索的テストの例

　そんなふうに、プロのテスト担当者は実際にテストをしながら考え考えやって
います。その結果として、実際のテストフェーズで見つかるバグより、テスト
ケース実行以外で見つかる問題のほうが多かったりします。統計的なデータがな
くて悔しいのですが、よっぽどうまくテストケースを作ったとしても、テスト
ケース実行から見つかるバグは全体の**3%以下**ではないかと思います。

　筆者の長い経験からいえば、それならば**テストケースをいちいち事前
に書くより、ソフトウェアをテストしながら考えて実行しちゃ
おうよ**、という結論になります。

「テスト設計・ケース作成を早い段階で行う」デメリット

「テスト設計・ケース作成を早い段階で行う」デメリットとしては、早い段階でテストケースを書こうとしても、ターゲットのソフトウェアがないため、手探りでやっているケースが多いことです。最悪のケースでは、要求仕様で満たされている内容を羅列するようなテストケースになったりします。

　もちろん要求仕様が完璧ならばそれなりのテストケースを書くことはできるはずですが、たいていのソフトウェアプロジェクトなんて、要求仕様はいい加減なものです。境界値がどこにあるのかなんて書かれておらず、その結果としてテストケースもちゃんと書かれずにテスト実行フェーズに突入してしまうのです。

　そうなるとどうなるかというと、またヤバいのです。ちゃんとしたマネージャーはテストケースの実行フェーズに入ると「テストケースの総数がいくつあり、そして1人当たり何件のテストが実行できるか」を計算し、信頼度成長曲線なんかも描いて、すごく正確な出荷日を設定して、出荷してしまいます。ものわかりのいいテスト担当者は、そのマネージャーの指示通り仕事しなければと考えます。その結果、ソフトウェアの振る舞いがおかしいと思ったとしても、テストケース実行数のノルマがあるのであまり深追いしてバグを出そうとせず、粛々とテスト実行に励み、その結果として**バグだらけの製品を出荷してしまう**ことになったりするのです。

　まあそんなことになったら悩むでしょうね、そのちゃんとしたマネージャーの人は。WBSなどを書いて計画通りにしっかりテストして信頼度成長曲線も完璧だと思っていたのに、ソフトウェアを出したらバグだらけなんですから。

　あともう1点、押さえておくべきことがあります。早すぎるテストケース作成は著しいソフトウェアテストの工数増大をもたらします。**図4-5**を見てみてください。あまり早めにテストケースの準備をすると（破線で囲まれた部分）、その部分が無駄になる恐れがあります。理由としては前述したようにいい加減な要求仕様や、ソフトウェアをよく知らないことによるテストケース作成効率が低いためです。

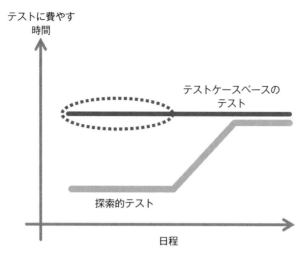

図4-5：「テスト設計・ケース作成を早い段階で行う」デメリット

4.1.4 「同じテストケースをたくさん実行する」デメリット

　筆者の修士論文はソフトウェアテストの自動化が主題で、「自動化のメリットの1つに同じコストで何回も繰り返せることがある」などと書きました。そうしたら指導教官Cem Kanerに「何度も繰り返すって、あんまり意味ないんだよね……」ってぶつぶつ言われた記憶があります。

　筆者の経験上、初期に書かれたそれほど練られていないテストケースを繰り返すことにはあまり意味がありません。逆に必要なことは、

- テストを実行しながら、どこかほかの部分に問題がないかを考え、そこをテストすること
- ソフトウェアで弱いところを見つけたら、そこに重点を置き、その部分を十分にテストすること

です。特にテストケースベースのテストでは、上記のいずれもざっくり欠けています。

　ソフトウェアテストケースを早期に作成し、それを何も考えず繰り返すという

やり方は、重要なバグを見逃しやすいのです。

　ソフトウェアテストでも、「2：8の法則」は当然成立します。なので同じテストを実行するのではなく、常に弱い部分を想像し、実行を繰り返しながらソフトウェア構造的に弱くバグの多い2割の部分を見つけ、そこから8割のバグを出し切ることが非常に重要な活動です。

図4-6：「2：8の法則」バグの偏在

4.2 | 探索的テストのサンプル

　メリット・デメリットばかり述べてしまいましたが、実際どういうふうに探索的テストをやるのかをここで説明します。一番うまく探索的テストを説明しているのはJames BachとMicrosoftで作成したWindowsアプリケーション用のサンプルなので、それをベースに説明していきます[BAC99]。そこではまず2つの活動を定義します。

- クライテリアを決める
- 探索的タスクを実行する

4.2.1 クライテリア決め

まずテストをするうえで、どういうソフトウェアであるべきかのクライテリア（criteria：判定基準）を決めます。たとえばWindowsのアプリケーションなら表4-1のような基準を決めることができます。

定義	Pass基準	Fail基準
機能性	各々の主機能がテストされ、ユーザーが望む操作ができ、かつそのアウトプットが正しいものである 不正な操作をしたとしても、その後の操作に支障をきたさずソフトウェアが正常に動作する	1つ以上の主機能の実装の不備があり、ユーザーがその目的を達成できない 不正な操作があると、ソフトウェアが正常に動作しない
安定性	対象ソフトウェアはOS（Windows）を不安定にさせない	OS（Windows）が機能不全に陥ることがある
	対象ソフトウェアはハングアップやクラッシュやデータの損失をしない	ハングアップやクラッシュやデータの損失が起こる
	主機能が操作不可能になったり、阻害が起こらない	操作不可能や、主機能の阻害が起こる

表4-1：探索的テストのPass/Fail基準

4.2.2 探索的テストのタスク実行

次に実行フェーズです。探索的テストタスクの実行は5つに分けることが可能です。

1. ターゲットソフトウェアを決める
(Identify the purpose of the product)

まあここは説明不要でしょう。どれをテストするか決めるわけです。

2. 機能をリストアップする
(Identify functions)

はい、テストするべき機能をリストアップしましょう。たとえば、次のようなものが挙げられます。

- すべてのオンラインヘルプをチェック

- すべてのメニューをチェック

- サンプルデータの使用性のチェック

- すべてのダイアログボックスのチェック

- すべてのデータ、インターフェイス、ウィンドウをダブルクリック

- すべてのデータ、インターフェイス、ウィンドウを右クリック

3. 弱いエリアを見つける

(Identify areas of potential instability)

ここでは危なそうな機能や操作をリストアップします。

- データの交換が発生する機能（オブジェクトの埋め込み、ファイル変換）

- ほかのソフトウェアとイベントを共有する機能（目覚まし機能、メール送信）

- 使用頻度が少ない複雑な組み合わせのデータ入力をハンドルする機能

- ファイルをネットワーク越しにオープンさせる機能

- エラーや例外処理からの復帰機能

- オペレーティングシステムとデータを交換させる機能（初期値）

- オペレーティングシステムにサイズが依存する機能（メモリが少ない状態、サイズの大きいファイル）

4. 各機能のテスト及びバグの記録

(Test each function and record problems)

　上記の視点で各機能に対してテストを実行し、もし問題があればバグ報告を実施します。もちろんテストを実行する際に、一つ一つのテストケースは書きません。テストケースを書くこと自体は否定しませんが、テストを行ううえでテストケースを書くことに時間がかかり、テストの実行自体の時間が削られてしまうということは避けなければなりません。

5. 継続的なテストの実行

（Design and record a consistency verification test）

　もちろんテストが1回しか実行されない製品なら、この作業は要りませんが、一般にテストは複数回行われるはずです。その場合は上記活動を繰り返すとともに、ひと工夫入れてもよいです。たとえば、

- テスト担当者が複数いるのなら、担当範囲を交換して同じ結果が出るかを確認する
- もしそのソフトウェアがさまざまな環境で動作するのなら、環境を変えてテストを行う（たとえば複数種類のWebブラウザ上で、など）
- バグ修正によりほかの機能に悪い影響が出ていないかを確認する
- 重要機能に対してシンプルなテストを実行し、ソフトウェア全体の品質レベルが下がってないかを確認する

　以上、探索的テストのタスクを説明しました。たぶん読者の中には思ったよりちゃんと記述してやっているんだなと考える人がいるかもしれません。初期の探索的テストは、場当たり的に有能なテスト担当者のみがテストするような形で行われているイメージがありました。しかし、現在では手法やデータが集まりつつあり、より確実なテスト実行ができるようになっています。

4.3 非機能要求に対する探索的テストのアプローチ

　探索的テストの唯一のデメリットは、非機能要求のテストにあまり向かないことです。非機能要求については後章で詳しく説明しますが、ユーザビリティテスト以外はあまりよい結果が出ません（言い換えればほとんどの機能テストの局面でテストケースベースより常に効率的なんですけどね[ITK13]）。**表4-2**はそれぞれのタイプのテストで、探索的テストとテストケースベースのテストでどれだけのバグを見つけられたかを記しています。ユーザビリティテストでは4倍近く高

い効率で探索的テストがバグを見つけています。

タイプ	探索的テスト	テストケース テスト	探索的テスト/ テストケーステスト（%）
ドキュメンテーション （Documentation）	8	4	200%
GUI	70	49	143%
矛盾点 （Inconsistency）	5	3	167%
機能欠如 （Missing function）	98	96	102%
パフォーマンス （Performance）	39	41	95%
技術的バグ （Technical defect）	54	66	82%
ユーザビリティ （Usability）	19	5	380%
間違った振る舞い （Wrong behavior）	263	239	110%

表4-2：探索的テストにおける非機能要求テスト

　まあパフォーマンステストとかは準備も大変ですし、セキュリティテストを探索的テストでやるのはこりゃまたなんか違うような気がしますので、当然の結果ともいえるでしょう。ユーザビリティテストの結果がいいのは、スキルのある（製品をよく知っている）テスト担当者がユーザー視点でテストするのが探索的テストであるともいえるので、それが結果に反映されたのだともいえます。

4.4 探索的テストのまとめ

　探索的テストの効率性やそのバグ発見能力は、テストケースベースのテストを上回っています。少なくとも探索的テストがテストケースベースのテストより低い能力を示すデータは現存しません。ということは**探索的テストをしない理由はありません**。しかし探索的テスト（もしくはほかの手法）単独の手法で品質を確保することはできないので、探索的テスト（もしくはほかのテスト手法）だけでテストを終了することはできないのも事実です。

　探索的テストはテスト担当者が十分なソフトウェアのドメイン知識を有していて、なおかつテストの知識がある場合に抜群に力を発揮します。

　図4-7は探索的テストのコード網羅率ですが（コード網羅はすでに学びましたよね！）、一般的なスキルの担当者が普通に探索的テストを行う場合のコード網羅率は、探索的テストもテストケースベースのテストもほとんど変わりません[PAG09]。

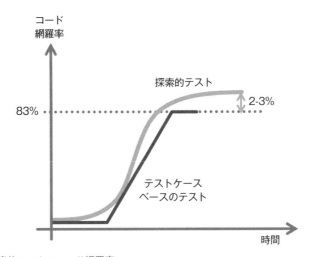

図4-7：探索的テストのコード網羅率

　ところが、その一般的なテスト担当者に開発者がプログラム構造を説明すると、いきなりコード網羅率が91%に跳ね上がります！　これは**探索的テスト＋スキルのあるテスト担当者の最強コンビでは、すごく短い時間で最強の結果が出る**ということを示しています。さあ皆さん！　探索的テストを試してみませんか？

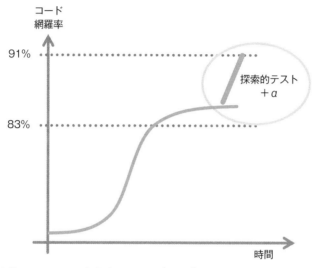

図4-8：探索的テストのコード網羅率のジャンプアップ

4.4.1 アジャイル・AI時代の探索的テスト

　ウォーターフォールでの探索的テストと、アジャイルやAIソフトウェアでの探索的テストでは少しずつ役割が変わっていくのかもしれません。もちろん、それはもっと探索的テストが活用する方向にです[ITK16]。

　アジャイルになり、多くの単体テストが自動化されてほとんどのコントロール部分のテストが単体テストで網羅されてきました。しかしGUIの変更に対しての自動化は、一般的な単体テストでは難しいのが現実です。End to Endの自動化テストを考えると、GUIが短時間で変わるような開発スタイルではEnd to Endな自動化スクリプトの開発は間に合いません。このように短いイテレーションでGUIが変更するようなソフトウェアでは、探索的テストが向いていると筆者は考えています。

　またAIについては、オラクル（期待値の確認）の定義が一苦労となります。のみならずしょっちゅうオラクルが変わることだってあり得ます（というより誰も正しいオラクル*4が定義できない状況が続きます）。そういった変更をドキュメント化し、テスト実行するのは時間が浪費されるので、探索的テストもまたAIテスト向きだといえるでしょう。

---

*4　オラクルについてはAIのテストの章で詳細に説明します。

5章

要求仕様のテスト

　要求仕様という基準がないまま、開発者が自分の解釈でソフトウェアを開発
し、テスト担当者の勝手な解釈でテストする。まあそれでうまく作り上げられた
からいいじゃん！　という人もいますが、本当にそうでしょうか？

　実は、要求をちゃんと書かないソフトウェア開発は、要求を書くソフトウェア
の開発より、費用と時間は確実に何倍もかかっているはずです。

要求のエラーは最も修正に費用がかかる[GLA03]

Robert L. Glass

　要求に対して早めにテストすることは最も重要なことですし、最も費用対効果
があります。当然、要求に対する問題を早めに見つけられるほど（できればテス
トする前にレビューで要求のバグを見つけられれば）コストは下がります。
ちょっと言いすぎな気はしますが、早期に発見する要求のバグと出荷した後に発
見する要求のバグでは100倍*1 ものコストの差が出ることがあります（**図5-1**）
[BOE01] [GRA99]。読者の中には、出荷後にバグなんてそんなにたくさん見つからな
いよ！　という方もいるかもしれませんが、実際には、出荷後に見つかるバグのほ
とんどが要求仕様のバグや勘違いや漏れだったりしませんか？　何かを考慮する
のを忘れた、何かの機能と何かの機能の関連性について考慮するのを忘れた、み
たいな。

　実際に出荷後に見つかる大きなバグは、マルチスレッディングしているときの
Mutexロック*2 を外すのを忘れていたためにうまくデータベースが更新できな
かった、といった高度なプログラミングのミスであることは少ないです。うっか
りぽっかりのミスや、怠け者チームや、怠け者の手抜き要求仕様が事故を起こし
ます。

---

*1　文献では10倍から100倍となっています。

*2　Linux上のC/C++言語でマルチスレッディングの際にデータを排他制御するために使う手
　　法。まあ難しいプログラミングですが、本書の読者には直接関連するものではないので理
　　解不要です。

5

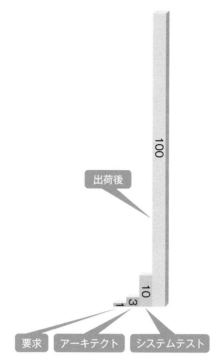

図5-1：要求の欠陥を修正するための発見時期による相対的なコスト

　要求に限らず、上流フェーズで埋め込まれたバグはできるだけ早く見つけることが重要だ、と述べているこの文献はよく知られており、ちょっと気の利いたエンジニアならなるべく要求の問題はなくそう、設計の問題は設計フェーズで発見しよう、と言うことでしょう。

　しかし、これらの本来発見されるべき要求のエラーが発見されずに、それより後ろのフェーズで発見されるのがいかにプロジェクトの進捗やコストに影響するか、正しく定量的に認識している人は少ないはずです。

　大規模プロジェクトでは、全コストの50%が何らかのやり直しコストであり [*3]、そのうち25%から40%が要求のエラーによるものです [LEF02]。最低でも要

3　聡明な読者は、それならばXP（Extreme Programming）を使えば変更コストが抑えられると考えるかもしれません。しかしKent Beckが自ら言うように、大規模のプロジェクトではXPはうまくいきません。

71

求の間違いだけで全プロジェクトの25%が費やされます！　驚くほど高いコストだと思いませんか？　はっきりいって、ソフトウェア開発においてコーディングなんてどうでもいい技術です。どのように素晴らしいソースコードを書くかが脚光を浴び、すごいコードを書く人のほうがスキルのある人に思えますが、実際はすごい要求や抜けのない要求を書く人がプロジェクトを進めるうえではヒーローなのです。

　本章ではプロジェクトを失敗させないための要求仕様について説明していきます。筆者は要求仕様を書くうえで、4つの大きな重要な要素があると考えます。「漠然たるユーザー要求を機能要求に落とし込む」「要求に優先順位をつける」「テスト可能な要求を書く」そして「非機能要求」です。たぶんこの考え方は筆者特有のものなので、あまり書籍等には載っていないかもしれませんが、現実この4つができないことによって、出荷後にバグが出たり、大きなやり直し作業が発生したりしたのを見たことがないのも事実です。

デスマーチとは？

昨今ではあまり聞くことはなくなりましたが、昔は「このプロジェクトはデスマーチだ」といったことがよくいわれていました。
ヨードン著の『デスマーチ：なぜソフトウエア・プロジェクトは混乱するのか』（日経BP社）がこの語の起源だといわれています。まあひどいネーミングですが、よく言い得ています。ちなみに筆者はヨードンに会ったことがあります。軍隊みたいな、すごく大きくてがさつな人を想像していたのですが、普通のインテリジェントなおっさんでした。
ヨードンはデスマーチなプロジェクトとして以下のようなプロジェクトを定義しています。

☐ プロジェクトのスケジュールを、常識的に見積もった期間の半分以下に圧縮したプロジェクト
☐ 通常必要な人数の半分以下しかエンジニアを割り当てないプロジェクト
☐ 予算やその他の必要資源が半分に削られたプロジェクト

□ 開発するソフトウェア機能、性能、その他の技術的要求が通常の倍以
　上のプロジェクト

まあそんな驚くことはなく、よくあるケースではないかという人は結構い
るかもしれません……。そこでデスマーチの本では、なぜエンジニアはそ
ういったプロジェクトに参加しているかも説明しています。

- リスクは大きいが、見返りも大きいと思う
- ここ以外に職がない
- 単に頭が悪い
- 金がかせげる
- やる気のある人と一緒に仕事をしたい
　などなど

ヨードンが書いたデスマーチはウォーターフォール時代のものでした。で
は現在、アジャイル時代になってそれが改善されているかというと、ムム
ムという感じです。昔日の日々のデスマーチは、出荷してからドーンと
「デスマーチだね！ こりゃヤバい」と明確にわかるのですが、イテレー
ションの短いアジャイルではデスマーチがわかりにくくなっています。し
かし専門家から見るとこりゃデスマーチだわ、というのがたくさんありま
す。
例として筆者の勝手な論を展開させていただくと、下のようなケースが
挙げられます。

◎ イテレーションの期間内にコード実装が終わっているのだけれど、見
　掛け倒しで、ちょっと変な数値を入れると動かなくなる。要は、実装
　したぜ！ と開発者は言っているけれど、エラーハンドリング処理が全
　然書けていない
◎ 実装したぜ！ と言っているのに全然単体テストが書けてない。そりゃ
　バグ出るよね……
◎ スクラムなんて1、2週間のイテレーションなので当然ブラックボック
　ステストがちゃんとうまく入れられるチームは少ない。コードサイズ
　がでかくなってきて、明後日のほうで機能バグが出始めたりする

5.1 漠然たるユーザー要求を機能要求に落とし込む

　要求の問題を防ぐためには、ユーザー要求[*4]と機能要求を分ける必要があります。もしくはステークホルダの要求と機能要求を。ソフトウェアを作る際は使う人の漠然たる希望や、経営者やお偉いさんの曖昧なリクエストから端を発してソフトウェアプロジェクトがスタートします。しかしそういう人たちのほとんどは、「こんな感じで」みたいなことを言い、ソフトウェア実装可能レベルまでは説明してくれません。そのためプロジェクトマネージャーや開発チームはそういった漠然たる希望（ユーザー要求）を機能要求に落としてあげる必要があります。そして、その作業は非常に困難です[*5]。

　要求仕様を書く難しさは、人間の考えること、もしくは希求することをソフトウェアの世界に落とすことです。人間の希求していることはまずは自然言語[MIC04]で書かれます。再び同じエスカレータの例を使います。

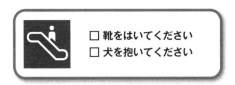

図5-2：要求仕様を記述する困難さ

---

*4　本書におけるユーザー要求は、非機能要求で説明する業務要求とユーザー要求を混ぜた、漠然とした要求として定義します。要は顧客から「こんなソフト作ってよ」とか、マーケティング部門から「こんな機能追加できるよね？」とかいう要求です。

*5　ユーザー要求と機能要求（システム要求）を分けるという主張を本書ではしています。同意見もNaiden[MAI08]から出ています。ユーザーの要求とそれをシステムに落とし込んだ要求とは似て非なるものの場合もあったり、似て同様なものがあったりと、扱いが難しいので注意する必要があります。

　別段問題のない記述です。普通の人はそう思います。離散数学的[*6]に書くと（はい、もちろん数学がとっても得意な人以外は理解する必要はないです）、

$$\forall x \cdot (OnEscalator(x) \rightarrow \exists y \cdot (PairOfShoes(y) \land IsWearing(x, y))$$

になります。しかしプロは（というより偏屈な人）は、エスカレータに乗るときは必ず犬を抱いて乗らねばならぬのか？ エスカレータに乗るときに犬は必須条件なのか？ 靴を買ってきて紙袋に入っている場合はどうであろう？ と聞いてきます。これを離散数学的に書くと……と、もう十分という声が聞こえそうになるのでやめておきます。

　現実世界というのは、すさまじくたくさんの事象やパラメータやデータが存在し、その組み合わせは無限大です。ソフトウェアのすべてをテストすることができないのと同様に、ソフトウェアのすべての期待する振る舞いを要求として記述することもできません。形式手法というものがあり、それが記述のすべての曖昧性を排除し、正確にプログラムに落とし込んでくれると思っている人々もいますが間違いです。ただ単に限定されたユーザー要求やプログラムの振る舞いを正確に表現しようと**試みている**だけで、本質的な解決は往々にしてなりません。

　なので、要求が完璧ではないことを前提にプロジェクトを進めることが必要です。プロジェクトを進めていくうえではたくさんの要求の間違いや抜けが発見されるので、**もちろんその修正コストもあらかじめ見積もっておく必要があります。**

　上記を図にすると、一般的に**図5-3**のようになり、このように段階的にプロジェクトは進んでいきます。

[*6] ソフトウェアに使う数学を特に米国では離散数学と呼んでいます。集合理論やブール代数などを扱ったとっても大事な数学です、ソフトウェア工学では。でも日本の情報処理の大学ってあんまり数学を重要視しないんですよね。ソフトウェア工学はエンジニアリングです。すべてのソフトウェアの開発活動が離散数学的に実は成り立ってなければいけません。声と態度のでかさで物事を決定するんではないですよ！

図5-3：プロジェクトの進行

　この中でさまざまな間違いが入り込み、最後のコンピュータ言語であるif文やDo文の間違いになります。プロジェクトをうまく進めるためにはこの間違いや抜けをいかに的確に早く修正していくかが重要です。

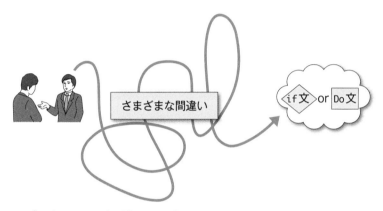

図5-4：プロジェクトをうまく進めるとは？

　先に説明したように、すべてのソフトウェア開発アクティビティの中で一番修正が困難かつやり直しコストがかかるのは要求仕様の間違いです。

　さて、まずは要求仕様を記述する際どんな特性が必要であるかを見てみましょう[WIE03]。

☑ 完全である

☑ 正当である

☑ 実現可能である

☑ 必要である

☑ 優先順位がついている

☑ 曖昧さがない

☑ テスト可能である[7]

　完全であることや、正当であること、実現可能であること、必要であること、曖昧さがないことなどは、読者も何となくそうだろうなと思うでしょう。そして、工学的文章を書く場合には自然と身につけている文章術です。そのため本書では特に「優先順位がついている」と「テスト可能である」を中心に説明を試みます。

5.2 | 要求に優先順位をつける

　必須要求仕様や重要機能については早い段階で実装を行うほうがよいでしょう。やはり顧客としてはどうでもいい機能より、重要機能のほうが気になります。それはビジネスに直結したり、ミッションクリティカルなソフトウェアのキモの機能だったりするからです。もちろん重要であるから顧客がプロジェクトチームに変更を求めたりします。変更はなるべく避けるべきだと書いてきましたが、顧客が要求仕様の変更を求めているのに、「いえいえ変更は最も金のかかる活動なので、やめてください！」なんていうのは顧客にケンカを売ってるとしか思えないので（そう、お客様は神様です）、変更要求があったとしてもそれがプロジェクトの後半で起こるのではなく、なるべく前半で起こるように策略（戦略？）を練る必要があります。

　要求に優先順位をつけることによりWBS（Work Breakdown Structure）を書くときにその順位で開発が進められ、とても便利です。逆に優先順位がないとWBSを書くことができません。一般に、新規モジュールやバグの多いもの、難しい機能、客に難癖をつけられそうなもの、お偉いさんが文句を言いそうなUI等々

---

[7]　原文では「検証」となっていますが、本書では用語の統一性の理由からテストとします。他の部分でも verification, validation, quality assurance すべてをテストという用語で統一します。

に関しては、早めの実装（高い優先順位）を考えたほうがいいでしょう。なぜなら、どんなプロジェクトも後半にスケジュールが遅れてパニックになりますし、難しいモジュール実装が遅れているところへ、さらに要求仕様の変更リクエストが追加されることで、二重にパニックになるのを防ぐためです。

5.3 | テスト可能な要求

　要求を書き出す場合、「テスト可能」な要求である必要があります。ということは、要求の記述を見てテストケースを作成できない要求は正しい要求ではありません。

　それでは、「テストケースが作成できる」というのは具体的にはどんな要求なのでしょうか？

　まず要求はユーザーの要求（リクエスト）がそのまま書かれていてもプログラムレベルに正しく実装できません。そのため、それを具体化もしくは詳細レベルに分解しなければなりません。詳細レベルに要求が分解され、抽象的ではなく具体的に要求が記述されれば、テストケースを書くことが可能になります。

　読者の中には「当然そんなことしているよ」という方もいるかもしれませんが（もちろんそういう人は幸せです。少なくとも筆者の見た多くのプロジェクトよりは）、実際にちゃんと要求が具象化されかつ詳細レベルまで分解（**図5-5**）しているプロジェクトはそれほど多くないようです。

図5-5：要求の分解

　なぜなら、開発者にとっては詳細レベルの要求は実はそれほど必要ではなく、彼ら自身の頭の中で展開されているからです。そのため、彼らはあえて書くのが面倒だったり億劫だったりします。まあ極論ですが、テスト担当者のために詳細レベルまで書くのなんて面倒だというのが本音でしょう。

　詳細レベルまで要求を書くことの必要性は理解していただけたと思いますが、具体的にテスト可能な要求の書き方とはどういうものなのかについても説明しておきましょう[WIL00]。一般に要求からテストケースに展開するのは結構厄介なもので、開発者もしくはプロジェクトマネージャーそれぞれ要求の書き方（スタイル）があり、シンプルにテストケースに展開することが難しいことがあります。コツは**図5-6**のように要求を「ステート（state）」「条件（condition）もしくはアクション（action）」「結果（result）」と時系列に書くことです。これによってテストケースの展開が可能になります。

図5-6：テスト可能な要求

- ステート（データなど）
  データやオブジェクトが明確なものです。たとえば顧客番号、もしくは電話番号などです。
- 条件もしくはアクション
  上記のステートを他の状態に移したり、何らかのアクションを行ったりするものです。顧客データを入力する場合の「入力」はアクションになります。
- 特定された結果
  例としては、「8桁（数値）でデータベースに保存される」など、最終的な結果がどういうものなのかを特定します。

　実はこの考え方はUML（Unified Modeling Language）などで書く状態遷移図の考え方とまったく一緒です。状態遷移とはある状態から別の状態（または同

じ状態）に何らかのアクションによって推移することです。

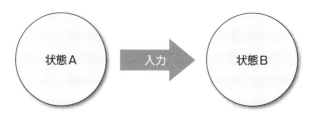

図5-7：状態遷移図

　テスト可能の要求をどう書くかを乱暴にいえば、「UMLの図まで落とせるぐらいに細かく要求仕様を書けよ！」ということになります。

5.3.1　要求の網羅（要求のテスト）

　一通り簡単な要求の書き方を説明しましたが、次は要求に対しテストケースを書いて実行し、要求が実現されているかを確かめる必要があります。
　しかしここで少し厄介なのが、1つの要求に対して、1つのテストケースが割り当てられるわけではなく、1つの要求に対して10個のテストケース、もしくは1つのテストケースが10個の要求に結びついている場合があるということです。なぜなら1つの要求の粒度はばらばらなので、どうしても1つのテストケースでは網羅できない場合があるからです（**図5-8**）[8]。

---

[8]　1つの要求を1つのテストケースでカバーするような、長大なテストケースはあまりお勧めできません。たとえばテストケースが30ステップあり、確認項目が50なんていうのは論外だと思います。テストケースの粒度は均一にすることによりテスト結果を正しく評価できます。粒度がまったく異なるテストケース群では10個テストケースが失敗していると知らされても、プロジェクトマネージャーがその失敗がどれだけ製品の開発にとって致命的なのかを直感的に理解しにくいのが理由です。

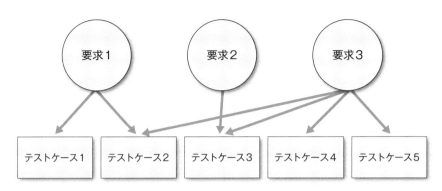

図5-8：テスト可能な要求

　そして、それらの要求に関するテストケースがすべて満たされ、かつテスト
ケースが正常に実行されて初めて製品が出荷されることになります。そのため
表5-1のような表を作成し、出荷前にすべての要求に対するテストケースがパス
しているかを確認してください。

	テストケース1：20個のファイルを同時にオープンして書き込む	テストケース2：21個のファイルをオープンしたときにエラーメッセージが出る	テストケース3：5MBのファイルを20個書き込む	テストケース4：…	テストケース5：…
要求1：ファイルは最大20個まで操作可能	○	○	○	NA	NA
要求2：最大5MBまで書くことができる	NA	NA	○	NA	NA
要求3：…	○	NA	NA	○	NA
要求4：…	NA	NA	○	NA	○
要求5：…	NA	NA	NA	○	○

表5-1：要求とテストケースの対応例[9]

---

*9　NAはNot Applicableで該当なしの意味です。

　製品出荷の際にコードカバレッジは100%である必要はありませんが、要求カバレッジ率（どれだけの要求が実装されているか）は100%であることが必要です[*10]。

5.4 ユーザーストーリーと要求

　本章では要求仕様の説明をしてきました。多くの読者の中にはアジャイルではユーザーストーリーという表現で、要求よりもっとカジュアルな扱いをしている、と感じる方もいるはずなので、この節ではユーザーストーリーと要求仕様の違いを説明していきます。

　アジャイルソフトウェア開発宣言には、**包括的なドキュメントよりも動くソフトウェアを**と書いてあります。この一文が拡大解釈されて、アジャイルではドキュメントを書かなくていい！　というふうになってしまう風潮があります。

　しかしそれは違います。ドキュメントがウォーターフォールモデルと異なる形で書くことが推奨されているだけのことです。筆者の周りでは多くのプロジェクトで文章化されないユーザーストーリーが散見され（ストレートにいうと「書いてない」）、テストチームとしては困っている現状もあります。

　それでもまだ困っているだけならいいのですが、あきらかに開発スピードの低下やコストを上げる要因にもなっています。どうやって検証するかをちゃんと書いてあるだけで、数十パーセントの開発コストの削減ができるはずです[EBE21][*11]。

　顧客満足を最優先し、価値のあるソフトウェアを早く継続的に提供します。

　ということは、顧客が満足を得るために、あるいは顧客の心変わりに対応する

[*10]　本文には書きませんでしたが、要求がどの要求に依存しているかについても記述しておけば[STE11]、さらにテスト効率が上がります。なぜなら要求の変更がどの範囲に及び、どのようなテストケースを実行すれば品質が確保できるかがすぐにわかるからです。

[*11]　最大で30%削減できると書いてある論文もあります。

ために、頻繁に要求仕様を変更しなければならないことになります。そのため要求仕様の変更コストやその変更リスクはウォーターフォールモデルより大きいと考えるのは自然ではないでしょうか？　筆者はアジャイル開発では強い要求仕様チームが必要だと考えます。

　それでは、要求とユーザーストーリーは何が本質的に違うのでしょう。要求は必須のものですが、ユーザーストーリーはよりよいプロダクトを作るための、プロダクトオーナーと開発チームでの約束です。約束といっても必ず守るものではなく、変更に利があるならばそちらに方針を移します[LEF10]。

　よいストーリーは以下の基準を満たします。

- ストーリーは顧客と開発チームによって自然言語で書かれ、両者にとって理解可能である
- ストーリーは短く簡潔で的を射ている。詳細な仕様ではなくむしろ会話の約束事である
- それぞれのストーリーはユーザーが何かしらの価値を与えるものでなくてはならない

　ふむふむ何となく理解できてきました。ユーザーストーリーが初めて出てくるのはKent Beckの『XPエクストリーム・プログラム入門』なので、少し見てみます（**図5-9**）[BEC01]。

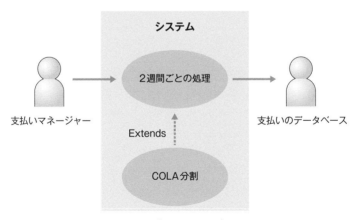

FIGURE 6. A story card

図5-9：Kent Beck のストーリーカード

システム

2週間ごとの処理

支払いマネージャー

支払いのデータベース

Extends

COLA分割

図5-10：Kent Beckのストーリーカード（ユースケース）

　こう書くとアジャイルが要求ではなく、ストーリーという形を取ったのも納得がいくのではないでしょうか？　またアジャイルは形式的なものを排除したので、要求データベースを使ってレビューワーがどうとかこうとかやる必要はありません。ポストイットを壁に貼り付ければいいのです。

少し意地悪な読者からはこんな質問がくるかもしれません。「それでは非機能要求はどう記述するの？」と。旧来の要求仕様なら「ボタンを押してから20msecでトップ画面が立ち上がる」と書くところでしょう。ユーザーストーリーなら、「十分短い時間で立ち上がる」でよいのかもしれません。顧客がプロトタイプを見て、素早く立ち上がっていると感じられればいいのですから。ユーザーストーリーの定義は重要なので、もう1つの定義を展開しておきます[LEF10]。

- 独立している（Independent）
- 交渉可能（Negotiable）←ここは要求仕様とはかなり異なる。要求に関しては顧客とは交渉しないので
- 価値がある（Valuable）
- 見積もり可能（Estimable）
- 小さい（Small）
- テスト可能（Testable）

アジャイルに関して「テストしない」などの誤解がありますが、ユーザーストーリーはテスト可能なユーザーストーリーであるべきです。そうなった場合、イテレーションの終了までにすべてのユーザーストーリーは終了させるというのが自然の理だと思いませんか？

とは書いてみたものの、ユーザーストーリーからテストケースに展開するのはどこの組織でも困難です。プロジェクトをうまく遂行するうえで、ユーザーストーリーからテストケースへの生成パスはテスト担当者やテストマネージャーとしては意識すべき重要な点でしょう。場合によっては、テストチームがユーザーストーリーに積極的に関与するといった姿勢も必要です。そうしないと短いイテレーションの中にテストが入らなくなってしまいます。

アジャイル開発の場合、ウォーターフォールモデルに比べて、次の2つの点に注意すべきかもしれません。

● ユーザーストーリーにはテスト可能かの記述が入らない場合があるので、それを補填する記述追加や、他のドキュメントを作成する必要がある

● ユーザーストーリーのテストを短いイテレーション内で完遂する仕組みが必要である

たとえば、次のようにCognizant社ではユーザーストーリーから別に要求ドキュメント（requirements-understanding document）を作成しています[NIU86]。

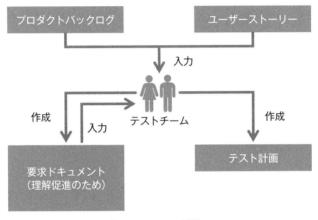

図5-11：Cognizantにおけるユーザーストーリーの補助

TDRE（Test-Driven Requirements Engineering）という考え方も興味深いです（まあ筆者はテスト屋さんなので、筆者と同じ考えを開発者が持ってくれるかは疑問ですが）。やっぱり要求仕様とテストケースがリンクしないと追々大変だからと、要求とテストケースを同時に作成するアプローチをし、さらにTDD（Test Driven Development）[*12] を実装で入れちゃえばもっといいね！ みたいな考え方です。簡単にTDDについて説明すると、実装する前に単体テストケースをまず書きましょう！ 単体テストが成功するように実装しましょう！ という概念です。

---

*12 TDDに関しては拙書『ソフトウェア品質を高める開発者テスト』に詳細は書いてあります。品質にとってはいいことしかない開発手法ですが、これもまた日本ではあんまり人気がありません。面倒くさいからかなー。

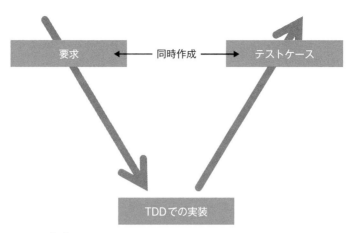

図5-12：TDREの概念

5.4.1　アジャイルでのユーザーストーリー・要求品質

　ここまで結構しつこくアジャイルでのユーザーストーリーや要求仕様に関して述べてきました。なぜなら、やはりアジャイル時代になって要求の不明確化が大きくなり、品質の低下や、開発後半での致命的バグが起こっていると肌で感じているからです。実際に筆者の肌感覚は文献でも証明されていて、Intelから要求品質の低下はバグの増加やリリース日の遅延を起こす傾向があるという研究結果も出ています [GRI22]*13。

---

*13　この論文は非常に実務者にとっては読む価値があり、たいていのPMは自分のチームの要求仕様の質は低いと認識しているとか、要求のテンプレートは役に立たないことが多いとか、びっくりするような示唆が書いてあります。そういえばうちの会社の本部長も「機能要求はまあまあ書けてるけど、非機能は全然だね！ 寿一さんのチームで書いてよ！」なんて正直なことを先月言ってたなー。

6章

非機能要求のテスト
―困難さとの闘い―

　非機能要求（品質特性）をテストするのは一般的に非常に困難です。設計・開発が困難なので、テストする側は同様もしくはそれ以上の困難に直面します。少しテストから話題が離れますが、機能要求を実装する場合は**図6-1**のように機能要求があり、それに対してアーキテクチャ設計を行ってコーディングしていきます。なので、「この実装はこの機能要求から来てるね！」とか、「このアーキテクチャが悪いからこの機能要求のバグが出ちゃうんだね！」なんて会話が可能です。

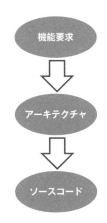

図6-1：機能要求の実装

　しかし非機能要求は、要求仕様がどうやってアーキテクチャに展開され、それがまたどうやってソースコードに書かれるかがぐちゃぐちゃです（**図6-2**）。

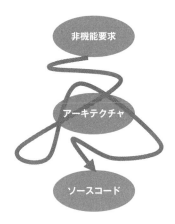

図6-2：非機能要求の実装

　なので、もし非機能要求のバグがあってもそれがアーキテクチャの問題なのか、はたまた非機能要求の仕様定義の問題なのかがいつもよくわかりません。ということは、こりゃまたどうやってテストしたらよいかの定説がないのも実態です。本章までの機能要求に対するテストでは、入力・出力・データ保存・計算を意識してやればいいよ！ と解説していたのですが、**非機能要求テストはそれぞれの非機能要求に対してテストのアプローチが異なります。**

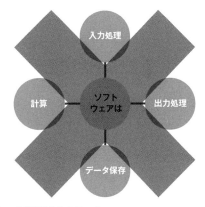

図6-3：一筋縄でいかない非機能要求のテスト

　さらには妥協とあきらめの世界が非機能要求テストです。お金がいくらあってもテスト不足なのも非機能要求テストの特徴です。たとえばセキュリティテストなんてどのくらいやればいいんですか？ という問いに対して、誰も答えられません。でも大丈夫です！ ソフトウェアにおいてテストですべてのホニャララ性を満たすことは無理ですし、妥協の産物によってホニャララ性を最大化する以外手段はないと研究者たちは言っています。McConnell[MCC02]は**図6-4**のようにホニャララ性*1はどこかを上げると、どこかが下がると言及しています。

---

*1　この場合、厳密には品質特性（ISO9126）ではありませんが、同じ意見をWiegers[WIE03]も言っているので間違いではないでしょう。なぜか米国人はISOがあまり好きではないのです。アメリカンな規格のIEEEが好きなんですよねー。

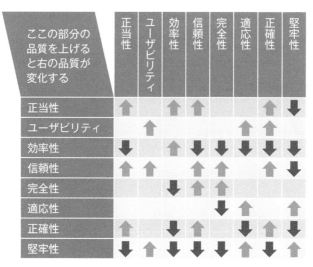

図6-4：非機能品質のトレードオフ

　そりゃ信頼性を維持しつつ効率の高いソフトウェアなんて存在しないわけです。さらにいえば、この表の中には予算やスケジュールの項目が入っていません。「予算がなければセキュリティが確保できません」なんていうことも当然起こるはずです（怒られちゃうかもしれませんが、それが現実なのですから）。

6.1 　期待通りの性能を引き出すために
—パフォーマンステスト—

　パフォーマンステストとは、ソフトウェアを設計もしくは企画する段階で設定された性能が期待通りに出ているかをチェックするためのテストです。Webアプリケーションなどは、パフォーマンスが思ったより出ないという問題をよく聞きます。平均的なWebアプリケーションは計画時に想定したパフォーマンスの72%しか出ないという調査結果も出ています[SHE00]。

　ここでパフォーマンステストの注意点を3つ挙げておきましょう。パフォーマンスの定義は明確に設計前に行います。その際、明確な数値（時間、データサイ

ズなど）を設定します。たとえば、1分以内に30Mバイトのデータを処理しなければならない、などといったことです。往々にして要求は1点に集中しますが、もしそうであっても前後のパフォーマンスの確認を行い、さまざまなシステムの状態におけるパフォーマンスについても計測したほうがよいでしょう。

　たとえば20Mバイトのデータを処理する場合10秒以内に処理する、というパフォーマンスの要求があったとします。しかし、その要求は満たしているのにデータサイズが21Mバイトになったとたんに処理スピードが30秒かかったり、1Mバイトのデータを処理するのに10秒もかかったり、といったケースがあります。その場合はパフォーマンス要求を満たしたとしても、パフォーマンスのバグとして扱うべきなのです。

要求定義通りのテストケースを書かない

　テストケースを設計する際、パフォーマンスの要求定義に書かれた通りのテストケースを書いてはいけません。テストはバグを見つける作業だからです。ですから、要求定義を逸脱するような（バグを発見するような）テストケースを設計しなければなりません。

パフォーマンステストは後まわしにしない

　パフォーマンステストは最後に実施すればよいと思わないでください。**パフォーマンステストで発見されるバグは最悪のバグ**です。場合によっては最初の設計からやり直しが必要な場合もあります。そのため、ある程度プログラムが動くようになった時点で、定期的にパフォーマンステストを実行しましょう。

6.1.1 パフォーマンステストの5つのステップ

Sheaは、パフォーマンステストを行う際には**図6-5**に示すような5つのステップを踏むことを推奨しています[SHE00]。

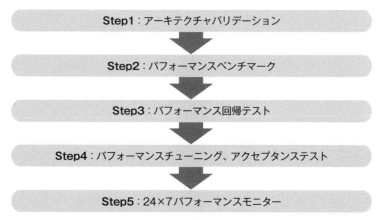

Step1：アーキテクチャバリデーション

Step2：パフォーマンスベンチマーク

Step3：パフォーマンス回帰テスト

Step4：パフォーマンスチューニング、アクセプタンステスト

Step5：24×7パフォーマンスモニター

図6-5：パフォーマンステストの5つのステップ

● Step1：アーキテクチャバリデーション

まず、ソフトウェアがアーキテクチャ的に十分なパフォーマンスを発揮しているかをチェックします。たとえば、データベースの場合、その処理能力が要求仕様に合致しているかなどを机上でチェックします。もしくは非常に小さいプロトタイプソフトウェアを作って、実際に要求仕様で定義されたデータ量を処理できるかを測ります。

● Step2：パフォーマンスベンチマーク

実際に開発されたソフトウェアのテストを行います。パフォーマンステストができる状態のソフトウェアが準備できたら、すぐに実施するのが基本です。

● Step3：パフォーマンス回帰テスト

　回帰テストを行います。このテストはプログラムが開発途上で常に変更されている状態で行います。変更したことによってパフォーマンス低下を招かないように定期的にチェックします。

● Step4：パフォーマンスチューニング、アクセプタンステスト

　最終製品が要求定義に定められたパフォーマンスを出しているかをチェックします。もちろん、パフォーマンスが何らかの原因で要求定義値以下であれば出荷はできません。

● Step5：24×7パフォーマンスモニター

　ERP[*2]アプリケーションなどの場合、特に必要になるでしょう。ERPアプリケーションを開発する場合、顧客のデータを完全に利用できないことがあります。その場合は顧客の使用するデータに近いダミーデータでテストします。

　データは、サイズやバリエーション[*3]がなるべく同じになるように作成しましょう。もし作成したデータが顧客の使用する実データとかけ離れていると、開発中のパフォーマンステストでは出なかった問題が実運用上で起こる恐れがあります。もちろん、ユーザーが24時間7日間使う場合も想定する必要があります。パフォーマンステストに関しても、負荷テストと同様、テストの自動化は必須です。

[*2]　ERPとはEnterprise Resource Planningの略で、日本語訳すると企業資源計画。企業のさまざまな活動をサポートするソフトウェアをERPソフトウェアと呼び、筆者の勤めていたSAPはこの分野で世界のトップシェアにあります。

[*3]　似通ったデータでテストを行うと、キャッシュのヒット率が上がり、期待より高いパフォーマンスが出る場合があります。

6.2 攻撃に耐え得るソフトウェアの構築
—セキュリティテスト—

　最初にお断りしておきますが、この節はかなり難しい内容になっています。これまではプログラミング言語に関する高度な知識がなくても読めるように書いてきましたが、その方針を変更せざるを得ませんでした。相対性理論を説明するのに高等数学が必要とまでいかなくとも、セキュリティテストをするにはある程度のプログラミング知識が必要になります。

　ソフトウェアセキュリティは昨今大きな問題になっています。メールに入っているウイルスやインターネット経由での個人情報が漏えいする危険性などなど、さまざまな問題が新聞やテレビなどで取り上げられています。しかし、そうしたハッキング技術に比べ、セキュリティをテストする手法は驚くほど遅れています。

　実際、70年代からセキュリティテストは研究されて [MYE79] きたのですが、これぞという決定打のような手法は未だにありません。**1日8時間労働のサラリーマン開発者がいくらセキュリティのしっかりしたコードを書いているといっても、1日24時間無給で楽しくハッキングしている人とでは勝負は見えています**[*4]。

　Microsoftが新しいセキュリティ技術を開発してWindowsに組み入れようが、GoogleがAndroid携帯をセキュアにしようとがんばろうが、ハッカーたちはすぐにセキュリティを破る新たな技術を開発するのです。そのためセキュリティテストを行うテストエンジニアは新しいセキュリティ技術を学び、新しいハッキングの手段を迅速に理解する必要があります。「テスト担当技術者は死ぬまで勉強」なんて宗教がかったスローガンを掲げてがんばらなければなりません。

---

*4　筆者はソニー時代に某国にあるセキュリティテストチームをマネージしていましたが、ソフトウェアの知識経験に関してはハッキングチームの誰にも勝てませんでした。当然私はソフトウェアの博士号を持っているので、ソフトウェア構造の知識は誰にも負けないと自負していたのですが……ただそういう人たちはマネジメントやコミュニケーションスキルというものがやはり得意でなさそうな感じはありました。

　現在、一番問題なのは社内だけの閉じた環境でコンピュータを使っているわけではない、というところにあります。社員は社内の機密情報を扱うのと同じコンピュータで、Webブラウザを使って情報を取得したり外部と電子メールをやりとりしたりしています。以前ならば外につながるネットワークを設置せず、社員に適切な倫理教育をするだけでセキュリティ問題は解決したはずですが、今は外部とのネットワーク接続なしには仕事ができません。ですから、外部とのやりとりに使用するソフトウェアはセキュリティ対策が十分になされているかをテストする必要があります。

　さらにセキュリティテストはPC／Android／iPhone上で動くアプリケーションだけではなく、組み込みシステムも対象になります[KOO04]。たとえば信号機はどうでしょう。信号機の中にあるCPUはネットワーク回線を通して警察署につながっています。要人が通過するときだけ信号がすべて青になるのは信号の中に組み込まれたプログラムを制御できるからです。このシステムをハッキングされたらどうなるでしょうか。かなり深刻なテロ犯罪も可能になってしまいます。今までソフトウェアテストのゴールはバグを見つけることだと一貫して述べてきましたが、セキュリティテストに関してはどうでしょうか。確かに目的はバグを見つけることですが、それだけだとあまりに抽象的すぎてセキュリティテストのゴールになり得ません。情報セキュリティ管理システムに関する基準を定めたBS7799/ISMSでは、情報資産の「機密性、完全性、可用性が保たれること」を求めています。この3つの要素は、次の6.2.1項で説明する内容のように言い換えることができるでしょう[NAG20]。

6.2.1 セキュリティに特化した非機能要求のようなもの

あいかわらずなめた物言いをしてしまい申し訳ないですが……本章では非機能要求について説明を行い、その中でセキュリティを説明しているわけですが、セキュリティの中にもホニャララ性があります。まあツリー構造っぽくなっているのです。それが先に述べた、機密性、完全性、可用性になります[*5]。

● 機密性（Confidentiality）

アクセスを認可された者だけが、特定の情報にアクセスできることを確実にすること。

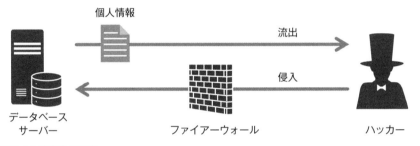

図6-6：機密性の侵害

● 完全性（Integrity）

「情報及びその処理方法が正確で、かつ完全であること」を維持・保護すること。完全性の侵害とは、たとえばハッカーによって、データが本来の姿ではない改ざんされたものとなり、ユーザーに届けられることを意味します。

[*5] 2023年現在、次の4つの要素がさらに追加されています。真正性・責任追及性・否認防止・信頼性。紙面の都合上と、初心者の方にも理解を十分にしていただくために、上記部分は省略しています。

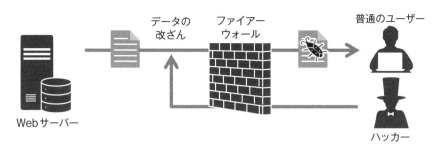

図6-7：完全性の侵害

● 可用性（Availability）

認可された利用者が必要なときに、特定の情報及び関連する資産にアクセスすることを確実にすること。

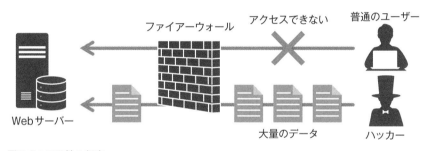

図6-8：可用性の侵害

　では、この3つの要素を踏まえたうえで、どのようなセキュリティテストを行えばよいのでしょうか。残念ながら、本書執筆時点では「セキュリティテスト」という分野はほとんど存在しません。そして現場の人間は困っています。これだけセキュリティの問題が騒がれ、MicrosoftやApple、Googleが毎週のようにセキュリティパッチを出していながら、根本的なセキュリティ問題の解決に至っていないのは、セキュリティテスト手法が確立されていないことも一因ではないでしょうか。

> セキュリティテストの難しさは
> 「悪意のある攻撃」に対しソフトウェア及び
> そのシステムが耐え得るかを確かめる
> テスト手法が存在しないところにある
>
> Juichi Takahashi

　ソフトウェアの技術がこれだけ進んでいるのだから、Microsoftの次のOSではセキュリティ攻撃に耐えられるものを出せないかという声もよく聞かれます。しかし、驚く人もいるかもしれませんが、悪意のある攻撃が引き起こす問題を見つけることは、ソフトウェアテストの範疇には今まで含まれていませんでした。従来のソフトウェアテストとは、開発者がうまくプログラムできなかったソフトウェアの障害を未然に防ぐ方法論だったからです。そのため現在あるセキュリティテストの戦略や方法論は、既存のテスト方法論から逸脱もしくは著しく乖離することを余儀なくされ、ほかのテスト手法とは異なり大きく発展が遅れてしまったようです。

6.2.2 攻撃の歴史と種類

　セキュリティ問題は年々進化し、高度化しています。アーキテクチャ段階でどのようなセキュリティ攻撃が起こり得るかを予想し、それに対応しなければなりません。しかし表6-1に示すように、セキュリティ問題は年々姿を変えてしまいます。当然ではあるのですが、セキュリティホールを埋めても、すぐにハッカーが別のセキュリティホールを見つけます。いたちごっこ、賽の河原の石を積むがごとくの活動がセキュリティテストになります。

　たとえばバッファーオーバーフロー関連の問題が2000年台初頭に続出していました。しかし2010年ではなんとトップ10にも入っていません、すごいランク落ちですね。

	2007年	2010年	2021年
1位	認証不十分な入力 (Unvalidated Input)	インジェクション (Injection)	アクセス制御の不備 (Broken Access Control)
2位	アクセスコントロールミス (Broken Access Control)	クロスサイトスクリプティング (Cross-Site Scripting (XSS))	暗号化の失敗 (Cryptographic Failures)
3位	不完全な認証とセッション 管理 (Broken Authentication and Session Management)	不完全な認証とセッション 管理 (Broken Authentication and Session Management)	インジェクション (Injection)
4位	クロスサイトスクリプティング グ (Cross Site Scripting (XSS))	セキュアではないオブジェ クトへの直接参照 (Insecure Direct Object References)	安全が確認されない不安な 設計 (Insecure Design)
5位	バッファーオーバーフロー (Buffer Overflows)	クロスサイトリクエスト フォージェリ (Cross-Site Request Forgery (CSRF))	セキュリティ設定の間違い (Security Misconfiguration)
6位	インジェクションフロー (Injection Flaws)	セキュリティ設定の間違い (Security Misconfiguration)	脆弱で古くなったコンポー ネント (Vulnerable and Outdated Components)
7位	設定情報などの漏えい、不 適切なエラーハンドリング (Information Leakage and Improper Error Handling)	セキュアではない暗号スト レージ (Insecure Cryptographic Storage)	識別と認証の失敗 (Identification and Authentication Failures)
8位	セキュアではない暗号スト レージ (Insecure Cryptographic Storage)	URLアクセス制限の不備 (Failure to Restrict URL Access)	ソフトウェアとデータの整合 性の不具合 (Software and Data integrity Failures)
9位	DoS攻撃 (Denial of Service)	不十分なトランスポートレイ ヤーの保護 (Insufficient Transport Layer Protection)	セキュリティログとモニタリ ングの失敗 (Security Logging and Monitoring Failures)
10位	セキュアでない設定管理 (Insecure Configuration Management)	リダイレクトとフォワードの 認証問題 (Unvalidated Redirects and Forwards)	サーバーサイドリクエスト フォージェリ (Server-Side Request Forgery)

表6-1：OWASP Webアプリケーションにおいてのセキュリティリスクトップ10の推移

　これはなぜかというと、Intelやほかの CPU メーカーがハードウェア的にソフトウェアのスタック実行を禁止する仕組みを入れたからです。さらには危ない C/C++言語の使用が減って、Java が増えていったためともいわれます。

101

　ここで、ハッキングの基本であるバッファーオーバーフローをちょっと説明しておきます。たとえば以下のようなC言語のソースコードがあったとします。

```
void yamete(int a, int b) {
    char small[2];
    char large[30];
    strcpy(small, large)
}
```

　当然このようなソースコードはうまく動きません。4リットル入ったバケツの水を空の2リットルのバケツに移し変えるようなもので、データがあふれます[*6]。

図6-9：コンピュータのメモリーサイズは決まっている

　そのプログラムのスタック構造を見ると**図6-10**のようになります。Cのプログラムがわからない人はすみませんが、ちょっと我慢してください（Javaではこういうことは起こらないですし）。

[*6]　バッファーオーバーフローは古典的な攻撃で、今では気にする必要のない攻撃です。開発者がこれだけの量が入ればいいだろうと用意したバケツ（多くの場合変数を用意したのだけど）に、ハッカーがその容量以上のデータを入れようとする典型的な攻撃手法です。SQLインジェクションやコマンドインジェクションはこのパターンに合致します。

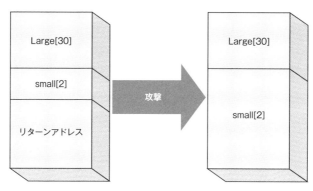

図6-10：バッファーオーバーフロー攻撃

　データがあふれ出すことにより、プログラムはハングアップしたり止まったりします。さらに古いCPUや安いCPUの場合はリターンアドレス（どこの関数に戻るかのアドレス）を書き換えられ、攻撃者の流し込んだプログラムが実行できました（まあ、好き放題何でもできたわけです）。現状はネットワーク機能を有するようなCPUは、ほとんどスタックの実行がハードウェア的に制限されている品種を使っているので安心なわけですが。ここでなぜ紙面を割いてバッファーオーバーフローを取り上げたかというと、セキュリティ問題の大きな特徴として挙げられる、次の2つの観点に関連があるためです。

- プログラム構造の不備を突き、そのプログラムの制御を奪ったり、不能にしたりする
- プログラムのデータの不備を突き、そのデータを改ざんする

という2種類がセキュリティ攻撃に代表される攻撃です。バッファーオーバーフローに代表される攻撃手段は「プログラム構造の不備を突き、そのプログラムの制御を奪ったり、不能にしたりする」カテゴリに分類されるものです。インジェクションも同種の攻撃になります。

　「プログラムのデータの不備を突き、そのデータを改ざんする」というのは、2010年のランキング6位である「セキュリティ設定の間違い」や「URLアクセス制限の不備」などになります。これはシンプルにファイルのアクセス制限が甘かったりするポカミスがほとんどです。

6.2.3 モジュール指向のテスト

　セキュリティ問題はすでに述べたように「プログラム構造の不備を突き、その
プログラムの制御を奪ったり、不能にしたりする」「プログラムのデータの不備
を突き、そのデータを改ざんする」という2種類に大別されます。そのため、テ
ストする場合はその2つのパターンのセキュリティバグを見つけるようにテスト
を行っていきます。

　Howard[HOW02]がモジュール指向のセキュリティテストに関するプロセスを
定義していますが、ここでは少し変形させたプロセスを用います。

1. アプリケーションを基本モジュールに分解する

2. モジュールに対する入力を定義する

3. その入力によってモジュールの脆弱性が露見するかどうかを判断する

4. 脆弱性があると考えられるモジュールにさまざまなデータを入力する

　まあそれほど大したプロセスではありません。アプリケーションを基本コン
ポーネントに分解するという手法[MYE79]は、ソフトウェアテストで昔から用い
られているものです。テストの工程が増えるという意味で、実際の商用ソフト
ウェアでは使われない場合が多々ありますが、セキュリティ関連やミッションク
リティカルなソフトウェアでは使用するべきでしょう。

　この手法で一番難しいのはモジュールに対する入力を定義することです。入
力のケースを徹底的に調べ上げる必要があります。明示的な入力の場合とそうで
ない場合の両方を考慮に入れます。明示的でない入力というのは環境変数など
を指します。環境変数には変な値は入ってこないと考えがちですが、攻撃対象と
なり得る入力です。入力要素としては、ユーザー入力だけではなく以下のような
入力をモジュール分けし、徹底的な入力テストを行うべきでしょう。たとえば次
に説明するファジングテストなどを利用します。

- ネットワーク経由のデータ入力

- http/https

- メール（SMTP、POP3）やショートメッセージ

- DNS

- RPC

- コマンドプロンプト及びコンソール入力

- ファイル及びデータベース

- 共有されるメモリ

- ドライバや外部デバイス（USBなどなど）からの入出力

- デバッグ機能（JTAG[7]などなど）

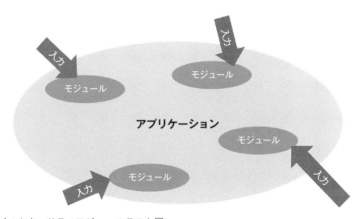

図6-11：セキュリティモジュールテスト図

---

*7　JTAG（Joint Test Action Group）とはCPUとか電子機器のデバッグのために利用する
　　ポートのことです。

6.2.4 ファジングテスト

ランダムテストは無意味だと筆者は常に言っていますし、Boris BeizerやCem Kanerといったテスト業界の巨人たちも言っていました。

しかしランダムテストはセキュリティテスト分野には有効です。なぜかというとセキュリティテスト分野は未だにテスト手法が未発達であり、ランダムテストに頼らざるを得ない状況にあるからです。特にセキュリティ分野のランダムテストはファジングテストと呼ばれ、主要なテスト手法になっています。ファジングテストはWikipediaによれば次のようなステップを踏むとされています。

- ターゲットに関する情報の入手（同社の過去製品の脆弱性調査、リバースエンジニアリングなども含まれる）
- ターゲットアプリケーションに含まれる、ファジングでテストされるべき機能の特定
- ファズデータの生成
- ファズデータの投入
- 例外発生の監視
- 攻撃可能性の判定（例外が発生した場合の、攻撃への発展可能性の検証）

とはいっても、本書を読んでいきなりファジングテストをやるのはハードルが非常に高いです（無責任ながら）。現実的にファジングテストを実行するには何らかの専門家の助けを要することは確かです。一番難しいのは、例外（問題）が発生した場合に本当にそれが致命的問題なのか、それとも軽微で修正する必要がないのかの判断です。なおファジングツールは商用とオープンソースいずれもありますので、自作せずそれらを使用するのがよいでしょう*8。

---

*8　ツールに関しては古くなったりするので本書では多く述べませんが、[HSU19]や[BOH21]に実際のツールや使い方が解説してあります。またファジングテストはある意味ホワイトボックスやAPIテストといった意味合いもあります。

　ファジングテストは数少ないセキュリティテスト手法であり、多くのセキュリティバグの発見実績があります。たとえばGoogle Chromeで16,000個のバグを見つけたりもしています[BOH21]（それってどんだけバグ突っ込んでんの？ というツッコミがあるかもしれませんが……）。

6.2.5 　OWASP ZAP（Zed Attack Proxy）

OWASP ZAPとは何ぞや？ OWASPはなんか聞いたことあるが、ZAPとは？ OWASP ZAPとは無料でWebアプリを自動的にテストできるツールです。

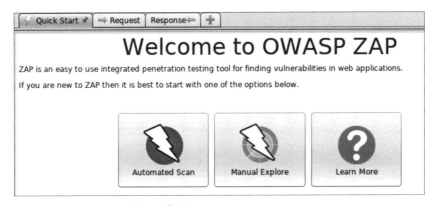

図6-12：OWASP ZAPの立ち上げ画面

　図6-12のような画面が立ち上がり、ボタンをちょろっと押すと図6-13のような画面が出てきて解析結果を知らせてくれます*9。まあそんな簡単ではないのですが、説明するとそんな感じになります。もちろんGitHub actionsやCircle CIに仕込んでおいて、CI/CDとして取り込むことも可能です[MAT21]。

---

*9　OWASP ZAPは便利なツールですが、それを使ったからといってOWASPのトップ10がすべて防御できるわけでないことを理解しておく必要があります。

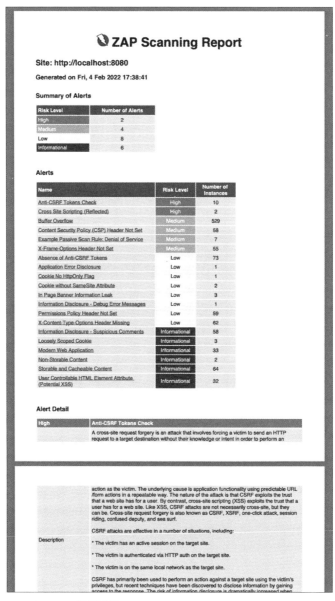

図6-13：OWASP ZAPの解析画面

　完璧ではないですが、ある程度Webアプリケーションの脆弱性を見てくれるので非常に便利です。

108

6.2.6 静的解析ツール

　バッファーオーバーフローに代表されるような、開発者の注意不足によるエラーを人間のコードレビューによって見つけるのには限界があります。それを踏まえると、ツールを使用するというのは自然な考え方です。筆者は、セキュリティテストの分野では静的解析ツールを使用したアプローチがこれからの主流になっていくのではないかと想像します [WAG00] ……と2013年の時点で書いたのですが、あーまったく外れてしまいました。

　2013年の時点で静的解析は有用なツールではありましたが、現在はプログラミング言語がセキュリティを意識したものがほとんどになり、開発プロセス全体でセキュリティ担保をしようというのが主流です。2023年時点で静的解析ツールはAmazon CodeGuruやら、GitHub Code ScanningやらSonarQubeがありますが、筆者は個人的にはSonarQubeを好んで使っています。まあどのツールもいいところ、悪いところがあるのですが、SonarQubeのいいところは品質のメトリックスとセキュリティチェックを両方やってくれるところにあります[*10]。

図6-14：SonarQubeの画面

---

*10　テスト＆セキュリティ屋の筆者にとってはすごーい便利なツールなので筆者の関わるプロジェクトではほとんど使っています。

また「OWASP Webアプリケーションにおいてのセキュリティリスクトップ10」をサポートしているため、使用する側が初心者でも最低限のセキュリティがサポートできます。ただし問題点もあります。静的解析ツールすべてにいえることですが、有用な情報を得るためには多くの不要な情報（どうでもよいエラー）を排除しなければなりません。砂金取りのようなもので、1粒の金を採るために数百の砂粒を取り除く必要があるのです。

6.2.7 基本的なテストアプローチ

McGrawは、システムレベルでのセキュリティ機能を備えるために解析、変更、監視をしなければならないと語っています[MCG00]。先に挙げた攻撃を想定し、アプリケーションが解析、変更、監視を適切に行えるかをテストする必要があります。

● 解析（Analyze）

解析によって、システムに入ってきたデータやコードが、システムが期待するものかどうかを判断します。図6-15のメッセージはWindowsでスタックからプログラムを実行させた際に表示されるエラーメッセージです。つまりWindowsではシステムレベルで期待されないプログラムが実行されようとした場合に、エラーメッセージが出るように設計されています。

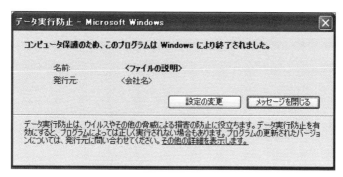

図6-15：Windowsのデータ実行防止メッセージ

○ 変更（Rewrite）もしくは削除（Remove）

外部から入ったコードやデータがシステムにセキュリティ上の問題を与えると判断した際には、コードやデータを安全な形に書き換えるか、削除します。これはクロスサイトスクリプティングの攻撃に対してよく用いられます。

○ 監視（Monitor & Audit）

コードやデータの実行中に、どのような振る舞いをするかをモニターします。

セキュリティテストでは、これら3つのセキュリティ機能を満たしているかをテストする必要があります。

6.2.8　ペネトレーションテスト

日本語では「侵入テスト」となりますが、本章ではペネトレーションテスト[*11]という用語を使うことにします。ISTQBによれば、ペネトレーションテストは「不正アクセスを得ることにより、既知または未知の脆弱性から、不正アクセスの可能性を発見するテスト手法」ということだそうです。

まあ平たくいえば、ハッキングしてすでに知られているセキュリティバグや、知られてないバグをあらかじめ発見することです。ハッカーに見つけられて攻撃される前に。

筆者はソニー時代にペネトレーションテストチームをマネージしていました。ただ本章ではペネトレーションテストについて多くは語りません。なぜならセキュリティテストはテスト担当者がやるべきテストではないからです。ハッキング技術は非常に高度で、オペレーティング・システムやプログラミング言語に精通していなければいけません[WEI14] [BAS14]。テスト担当者のキャリアパスとしてはあまりにも異なっているので、もし読者の会社でペネトレーションテストチー

[*11]　ペンテストとも呼びます。日本語特有の略かと思ったのですが、英語でもpen testingとも呼ぶそうです[WEI14]。

ムを立ち上げる場合は独自のキャリアパスを設定する必要があります[*12]。

余談になりますが、筆者は情報工学の博士号を取得し、テストに関しては世界的エキスパートだと自負しています。しかしいつもマネージするペネトレーションテスト担当者と話すたびに、なんてこいつはすごいんだと驚いておりました。

余談の余談になりますが、その当時ペネトレーションテストチームは海外に置いていました（場所は言えませんが）。なぜ海外かというと日本ではそういった高度なセキュリティ技術を持つエンジニアの採用は不可能もしくは著しく困難だったからです。

6.3 信頼性ってちゃんと知ってます？ 知ったかぶりしてません？
—信頼度成長曲線—

信頼性とは「指定された条件下で利用するとき、指定された達成水準を維持するソフトウェア製品の能力」です。まあよくわからない説明ですね！

> 「信頼性を構成する要素には成熟性（maturity）、
> 障害許容性（fault tolerance）、回復性（recoverability）があります」

はい、さらによくわからないですね！

ということで、例を使って少し詳しく説明をしてみましょう。たとえば、障害許容性を英語でいえばフォールトトレランス（ディペンダブル）で、よく「このシステムはディペンダブル」と表現する場合があります。墜落しちゃいましたけど、ヨーロッパ宇宙機構の開発したアリアン5のロケットはディペンダブルシステムでした。もし系統1が何らかの原因で動かなくなったら、すぐに次の系統2のシステムに切り替わる（アリアン5では、切り替わったけどそっちもダウン……というオチがありましたが）というシステムです。

[*12] ハッカーになるにはセキュリティに関する知識・技術・センスが必要だといわれ[ABE20]、その3つの要素はテスト担当者に必要なものとはかなり異なります。要するにテスト担当者のスペシャリストになるためのまったく異なるトレーニングが必要になるのです。

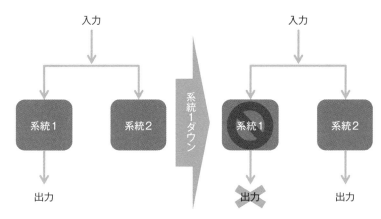

図6-16：ディペンダブルシステム

　ソフトウェアの信頼性を測るためには信頼度成長曲線なるものを描かねばなりません。バグの数の曲線を測るという作業はあまり意味がありませんが、ソフトウェアの信頼性の計測は意味があります。James Tierney[TIE97]の「実際の顧客が最も使うと思われるオペレーションをした際のMTBF（平均故障間隔：Mean Time Between Failure)」や「信頼度成長曲線」「ストレステストを行った際のMTBF」などは昔ながらのオーソドックスな手法ですが、メトリックスとして価値があります。

　ソフトウェアのMTBFをどのように計算するかというと、単位時間当たりにどのくらいFailure（バグやハングアップ問題やリブート問題）に遭遇するかを計算するのです。あるソフトウェアをテストしていて、平均で5時間ぐらい操作するとどうにもこうにも遅くなったり、フリーズしたりすれば、MTBFは5時間です（それはきっとXX-Wordだったりします）。そのため、実際にユーザーが使うオペレーションでソフトウェアが何も問題を起こさずに、何時間正常に動作するかというテストをするのは非常に有用な手段なわけです[*13]。

　ここで信頼度成長曲線の描き方を軽く説明します。まあ数学を使って難しく

---

*13　専門用語でいうとOperational Profileを使用した信頼性といいます。今でも電話関係のテストでも用いられています。詳しくはSoftware Reliability Engineering: More Reliable Software Faster Development and Testing [MUS98]を参照ください。これまた翻訳書がないのですが……。

なっちゃうのですが、ISO9126の品質特性で「信頼性」という言葉が出てきて、テストを生業としている読者の皆さんがその本質を知らないのもちょっと問題なので。信頼性の本質は以下のような問題文で示せます。

バケツは100杯柄杓ですくうことができます。バケツ（ソフトウェア）の中に、テストを開始する前はバグが5つあって、100杯すくうとすべてのバグがすくえます。

柄杓で50杯すくったところに4つバグが見つかりました。

ただバケツの中にはバグが1つ残ってしまいました。

次に柄杓ですくった場合、バグに遭遇する確率はどれくらいでしょうか？

テスト後

図6-17：信頼性の基本的な考え方

　ここで1つの解決できない問題が生じます。なぜなら信頼性工学では「バグは有限」であり、ソフトウェアテスト技術においては「バグは無限」であるという矛盾があることです。幸か不幸か、1970年代にソフトウェアテストの基礎を作ったといわれるMyers[MYE79]が「プログラムのある部分でエラーがまだ存在している確率は、すでにその部分で見つかったエラーの数に比例する」とか、その後に続くテストの巨匠かつ恩師のCem Kaner[KAN99]が「バグを全部見つけるのは無理だと心得よ」なんて言ってしまったので、テストの人はバグの数は無限だと考える一方で、信頼性の人はバグが有限だと考えることになり、現代の混沌に続

いています。まあそういうことで、本章ではバグの数は有限という立場で述べます（ほかの章はバグの数は無限という立場で記述してあります。だってしょうがないんだよね……）。以下が信頼度成長曲線の基本の式です。ギリギリ高校の数学で習ったと思いますが。

$$m(t) = a(1 - e^{-bt})$$

ここで$m(t)$は時間軸に対する信頼性、aは期待するフォールト（バグ）[14]の総数、bはバグの発見率[15]になります。たとえば負荷テストのバグの発生が以下のように起こったとしましょう。

テスト実行時間（週）	発見されたバグの数
1	90
2	63
3	44
4	31
5	22
6	15
7	11
8	7
9	0

表6-2：サンプル信頼度成長 1

---

[14] 本書ではバグと統一したかったのですが、信頼性工学ではフォールトやfailureという言い方が一般的なため、本章のみフォールトという言い方を用います。

[15] 専門的な人のために。ここでのモデルは単位時間あたりの1個当たりのフォールト発見率を一定としている、いわゆるCFDR（ConstanfConstant Fault Detection Rate）です。当然テストの過程でフォールト発見率は一定でないし、それをパラメータとして鑑みるのが信頼性工学だと考えられますが、まあ実務で普通のソフトなら一定でよしとしてもよいでしょう、きっと。そしてこれを指数形ソフトウェア信頼度成長モデルといいます。

でもって、信頼度成長曲線は**図6-18**のようになります。基本的には毎週の
フォールトをプロットして$m(t) = a(1 - e^{-bt})$の式を近似してあげればよいわけで
す。多少数学を駆使していただければ近似曲線を描けます。

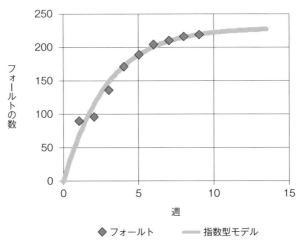

図6-18：信頼度成長曲線

　計算過程で、このケースの場合、残り10.3個ぐらいのフォールトがあり、次に
バグが発見される平均時間（MTBF）は0.31週ぐらいと求められます。MTBFは
2.17日（0.31週×7日）になるので「このまま出荷したら2.17日に1回は何らか
の問題が起こるのか―、でもこのソフトのユーザーは1日に1時間ぐらいしか使
わないし、だいたいPCも毎日電源落として帰るから、MTBFは2.17日でいい
や」というようなビミョウな工学的（？）アプローチができるわけです。

　それから、先にも述べたようにこういった曲線の図をテストケース実行の成功／
失敗に対して描いても、大して意味がありません。最終的にプロジェクトではテ
ストケースに対するバグの発生をゼロにするからです（もちろん修正しないと判
断したバグも含みます）。なのでゼロになった後は、ずっとテストしないのでゼ
ロのまま、MTBFは無限大で、理論的にはこのソフトウェアは永遠にバグが出な
いということになります。まあそんなことはあり得ないので、テストケースの実
行に対してバグ曲線を描くのはほとんど意味がないのです。そうした理由でテス

トケース実行に対して信頼度成長曲線を描くのではなく、信頼度成長曲線を描いてから「実際の顧客が最も頻繁に使うと思われる操作をした際のMTBF」や「ストレステストを行った際のMTBF」を予測するほうがずっと役に立ちます。

　ということで、信頼性の説明は終了としたいのですが、実は「テストケースはどう書くの？」という疑問や、「たくさんのテストケースに対してどうやって信頼度成長曲線を描くの？」といった問いに対しては、あまり答えることができていません。ここでもまた矛盾があるので頭が痛いのです。信頼性工学ではユーザーが通常行うオペレーションにおいてソフトウェアが故障する平均時間を測り、テスト工学においてはバグをたくさん見つけるためにガンガン怪しい部分を叩いていくということをするので、本質がまったく異なります。まあ信頼性な人とテストな人のどちらからも怒られるかもしれませんが、筆者はたとえば1日の総テスト時間を測り、その中でどれだけハングしたかを数えたりしています。**表6-3**のようなデータを使って曲線を描きます。

横軸	発見されたバグの数
1月6日（12時間のテスト）	60個のハングアップ・フリーズ
1月7日（4時間のテスト）	51個のハングアップ・フリーズ
1月8日（8時間のテスト）	40個のハングアップ・フリーズ
1月9日（10時間のテスト）	45個のハングアップ・フリーズ
1月10日（10時間のテスト）	45個のハングアップ・フリーズ
1月11日（6時間のテスト）	30個のハングアップ・フリーズ
1月12日（8時間のテスト）	28個のハングアップ・フリーズ
1月13日（9時間のテスト）	20個のハングアップ・フリーズ
1月14日（5時間のテスト）	15個のハングアップ・フリーズ

表6-3：サンプル信頼度成長2

7章

テストの自動化という悪魔
―なぜ自動化は失敗するのか―

テスト費用は開発費用全体の30〜60%にも上り[POL13]、膨大なソフトウェア開発コストの中のかなりの部分を占めます。マニュアルではなく、積極的に自動化をするエリアですが、短絡的に端からすべてを自動化していこうというのもあまりいいアイディアではありません。

できれば自動化は十分スキルを積んだマネージャーのもとで注意深く企画、設計、実行するべきでしょう。さもないとすさまじいコストをかけたにもかかわらず、まったく役に立たない自動化テストになる可能性が高いのです。ここでは、こうした危険性を踏まえつつ、現場のテスト担当者に心得ておいてほしい事柄をいくつか紹介します。

7.1 その自動化ツールは役に立っていますか？
—テスト自動化の功罪—

GUIソフトウェアの場合、多くのテスト自動化ツールが販売されています。それらはかなりの値段ではありますが、多くの効果が期待できると宣伝されています。実際インターフェイスもよくできていて、人間がキーボードやマウスに触ることなしに自動的にテストを行っているように見えます。初めて見たときは筆者も驚き、早速自動化プロジェクトに着手しました*1。しかし、1年後にはそのツールをいったん手放し、自動化コードはすべて捨ててしまいました。

繰り返しますが、自動化作業というのは十分経験を積んだテストマネージャーのもとで慎重に進めなければ必ず失敗します。もしくは自動化の最たる目標であるコスト削減に寄与しません。

よく100%テストを自動化すればコストはかからないなんて馬鹿げた話を聞きますが、そんなことはあり得ません。ソフトウェアテストの自動化の最終目標は、

---

*1 筆者が初めて使ったツールはMS-Testという昔日のMicrosoftが販売していたソフトでした。確か私がMicrosoftに入社したてで、まだWindows 95が出る前だったので1990年代初頭です。すげーさすががMicrosoftこういったもん使って自動化していたんだー、と思った記憶が残っています。当然オバカな筆者はそのキャプチャリプレイツールのスクリプトをたくさん作成して多くの無駄なことを当時からやっており、本章はその反省文みたいなものです。

テストにかかるコストを下げることです。そのためには、ある部分のテストは自動化するより手動のほうが低コストな場合もあることを認識しなければなりません。

　自動化ツールを販売している会社が使うデータに**図7-1**のようなグラフがよくあります。営業マンは「1回だけでも自動化すればテストのコストは劇的に減りますよ！」などと言います。また、自動化しないとテストを実行するたびに同じコストがかかるなどなど、ツールを使えば簡単にコストダウンできるかのように宣伝するでしょう。

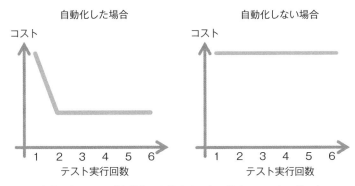

図7-1：ツール会社が主張する「自動化した場合としない場合のコストの違い」

　しかし実際には**図7-2**のようなグラフになる可能性が潜んでいます。いつまで経っても自動化コードをメインテナンスしなければならないのでコスト削減に寄与しないばかりか、手動でやったほうが安くあがる場合も多々あるのです。

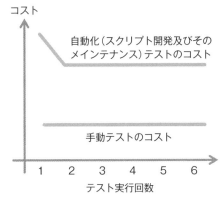

図7-2：現実のテストの自動化コスト

7.1.1 テストの自動化はなぜ失敗するのか

　実際、誰も言いませんが、**かなりの金額がテストの自動化という名のもとにドブに捨てられています**。よくテストマネージャー（含む筆者）が「今期の目標！　テストケースの自動化率60％！」なんて宣言すると、会社はそれに向かって突き進んでいきます。当然コスト度外視で。

　もちろん成功しているケースもいくつかありますが、それは慎重かつ綿密な立案、計画のたまもので、**自動化ツールメーカーのデモに踊らされて実行している場合、十中八九失敗しています**。

　もう時効になっているとは思うので告白しますが、筆者の行ったかなりの自動化プロジェクトはコスト的に見合うものではありませんでした（日本でも自動化失敗率ではワースト3に入るテストマネージャーと自負しています）。

　それならなぜやるのかという質問が出ると思いますが、自動化というのはテストの仕事の成果をアピールするうえで、非常にわかりやすいというメリットがあるためなのです。

　たとえば「われわれのチームでは、テストケースの80％を自動化しています」と聞くとすごいチームのように思えますよね。しかし実際は、そんなことを自慢げに言っているチームはろくでもない場合が多いのです。逆に「自動化してますよ。必要かつ効率化できる部分は」という人のほうが往々にして信頼できるものです。

　昨今、外資系の会社、もしくは実績主義を取るようになった日本の会社では、1年間でどのように仕事を効率化したかを評価する傾向にあります。テストを知らないマネージャーに「われわれのチームは、テストケースの80％を自動化しています」なんていうと評価が高くなったりするのも、無駄なテスト自動化を押し進めている一因といえるでしょう。

　テストの自動化を成功させるには、自動化コードの保守コストを低く保つことが必要です。なぜなら、まずい自動化プログラムはメインテナンスコストがかさみ、自動化のコストメリットがなくなってしまうからです。このへんの情報は、実際にテストに従事する人のために米国で行われているSTARというカンファ

レンスなどで20年前から発表されています。

　日本ではなかなかこうした情報が得にくいのですが[*2]、基本的には自動化コードのメインテナンスコストが少ないものから自動化すべきでしょう。

　Microsoftでは、OSを担当しているテストチームのほうが、GUIアプリケーションのテストチームより自動化テストでのバグの発見率が高いそうです[MAR04]。APIをテストするためにCやJavaでプログラムを組んで自動化すればほとんど失敗することはないといえるでしょう。

7.1.2 自動化に向くテスト

自動化に向くテストとその理由をいくつか挙げてみましょう。

- **スモークテスト**

  たくさんの回数繰り返すため
- **パフォーマンステスト**

  たくさんの人を集めるより、ツールでたくさんの人をシミュレートしたほうがよいため
- **APIのテスト**

  APIのインターフェイスはそれほど変わらないため

　逆にグラフィックを多用するアプリケーションの自動化はあきらめるべきだと筆者は思います[TAK03J]。確かにどの自動化ツールもグラフィックビットマップを保存及び比較するツールを備えており、どんな複雑なグラフィックソフトも自動化できるようにしていますが、実際はほとんど役に立ちません。自動化スクリプトを作成したときはよいのですが、継続的なメインテナンスがまったく不可能だからです。

[*2] 日本ではテスト実務者の情報が入手しづらいことを危惧して、筆者と友人たちはJaSST（https://www.jasst.jp/）というテストカンファレンスを立ち上げました。

7.1.3 自動化に向かないテスト

自動化に向かないテストも挙げておきましょう。

● 回帰テスト

回帰テストは一見自動化に向くように思えますが、それは大きな間違いです。筆者もバグデータベースに登録された順にすべて自動化したことがあります（馬鹿でした）。はじめの数ヶ月は「うんうん、いいね！ いいね！」という感じだったのですが、数ヶ月が過ぎると度重なるユーザーインターフェイスの変更のせいで、自動化プログラムが半分ぐらい動かなくなりました。それでも自動化していくと、自動化するテストケースの数はまったく増えず、既存の自動化コードのメインテナンス作業だけになってしまったのです。

● グラフィックスやサウンドなどメディア関連のテスト

前述の通り。ましてや、サウンドや動画のテストをいったいどうやって自動化するのでしょうか[TAK03J]？ AIを使えばかなりのところまでできるようになってきましたが、まだまだハードルは高いです。

このように、自動化に向くテストと向かないテストをしっかり見極めたうえで、自動化コードのメインテナンスコストを最小限に抑えられるようにすることが、テスト自動化の鉄則といえるでしょう。

7.2 テスト担当者が陥りやすい罠
—テスト自動化の本当の問題点—

テスト担当者にはまだまだ注意することがあります。自動化するうえで陥ってはいけない罠をCraigは次のように定義しています[CRA02] [GRA12]。

- 何ら戦略なく自動化への期待だけが大きすぎる（テストの自動化は、問題をすべて解決してくれるものではない）
- トレーニングコースの欠如もしくはレベルの低さ
- 誤ったツール選択

この中で「トレーニングコースの欠如もしくはレベルの低さ」について、筆者はかなり危惧の念を抱いています。残念ながら日本には、大学にも企業にも自動化テストの専門家はほとんどいません。テストの自動化スクリプトをどのように書くかを誰も教えてくれないのです。

開発者がJavaやC/C++を使って書く場合は、必ずオブジェクト指向やデータの扱い方など多くのことを学んでからコードを書くでしょう。しかし、テスト担当者が自動化テストコードを書く場合には、何も学ぶことなく、ただテストツールの使い方のみを習得して書き始めます。そのことによってメインテナンス不可能なコードを書いたりします。というより、誰もいい書き方を教えてくれないのですから、できあがったコードはたいてい最悪です。

「誤ったツール選択」については、日本では今のところツールの選択の余地が少ないので判断を誤ることはないかもしれません。しかし、今後は増えてくるので注意が必要です。

気をつけなければいけないのは、1つの高価なツールがすべての問題を解決するわけではないということです。欲張って高い高機能のツールを買うより、絶対に自動化したい部分を実現してくれる安いツールを使ったほうがよいと思います。

また、このことはツールベンダに嫌われるのであまり書きたくはなかったのですが、実は買うより自分で作ったほうが安上がりであることがかなり多いのです。たとえばキャプチャ／リプレイ（capture/replay）[3]の機能なんていうのはOSがWindowsやAndroid、Linuxなら簡単に自作できてしまいます。

---

[3]　日本ではキャプチャ／リプレイと呼びますが、英語だとなぜかrecord and playbackという表現になります。

7.3 自動化設計戦略

　自動化の初期段階でどういった戦略及びアーキテクチャ設計で実装していくかは慎重に考えたほうがよいです。テスト自動化をする場合は、まずどういうステップが考えられるかを、ISTQBシラバスをベースにリストアップしてみましょう[IST22]*4。

1. 自動テストスクリプトに直接テストケースを実装する。この選択肢は、抽象化が不足しており、保守の負荷が増加するため、最も推奨されない（例：キャプチャリプレイはテストケースを事前にあまり書くことなくキャプチャしていくケースが多い）。

2. テスト手順を事前に書き、それを自動テストスクリプトに変換する。この選択肢は抽象化されているが、テストスクリプトを生成する自動化が不足している。

3. ツールを使用してテスト手順を自動テストスクリプトに変換する。この選択肢は、抽象化と自動テストスクリプト生成の両方を組み合わせている。

4. 自動テスト手順を生成するツールを使用する。モデルから直接テストスクリプトを変換する。またはその両方を行う。この選択肢は自動化の成熟度が最も高い。

---

*4　筆者も翻訳作業に従事したので是非これも読んでほしいです。どうしても規格になっているので、お硬い文章になってしまいましたがスタンダードとしてはかなり出来がいいと思っています。

　ちとISTQBレベルの自動化戦略の説明がわかりにくいのでDorothy[DOR1]を引用してみましょう。

日本のほとんどの組織がまだこのレベル

レベル ※再現性の低いものから順に	記述レベル	概要
Level 1	線形スクリプト	手動で作成するか、手動のテストをキャプチャして記録する方法
Level 2	構造化スクリプト	選択と繰り返しのプログラミング構造を使用する方法
Level 3	共有スクリプト	スクリプトを他のスクリプトから呼び出すようにして再利用する方法。ただし、共有スクリプトには構成管理下にある公式なスクリプトライブラリが必要
Level 4	データ駆動スクリプト	コントロールスクリプトを使ってファイルあるいはスプレッドシートにあるテストデータを読み込む方法
Level 5	キーワード駆動スクリプト	ファイルあるいはスプレッドシートに、コントロールまで含めたテストについての情報のすべてを格納してしまう方法

表7-1：Dorothy Grahamのレベル定義

　言わんとしていることは、**キャプチャ／リプレイのツールで自動化せずに、データ駆動やキーワード駆動で自動化を行ってください**、ですね。日本のかなりの組織ができていなかったりしますが。

7.4 | 新たなソフトウェアテストの ステージ

　本書の旧版では「テスト担当者＝テストをする人」「開発者＝コードを書く人」で、シンプルにテストだけをする人にターゲットを絞ってきました。

　しかし今後のアジャイル・クラウドの時代には、テストだけする人は淘汰されていくかもしれません。TDD（Test Driven Development）を多少紹介しましたが、今後もっとTDDが進んでいくと、テストすることとコードを書くことの区別がつきにくくなります。さらに自動化テストがどんどん進んでいき、マニュアルテストしかできない人は絶滅するかもしれません。アジャイル・クラウド時代の会社がどのようなテスト戦略をとっているかはなかなか外には出てきませんが、いくつかオープンになっている情報もあるのでここで少し紹介します。

　たとえばGoogleでは以下のような自動化戦略を進めています。

- システムの内部的な詳細と、外部的なインターフェイスの両方を考慮に入れる
- 個々のインターフェイス（UI含む）に対する大量の高速なテストを用意する
- 可能な限り低レベルにおいて機能の検証を行う
- エンド・トゥ・エンド（利用者からバックエンドまで）のテスト一式を用意する
- 開発と並行して自動化に向けた作業を始める
- 開発とテストとの間にある伝統的な垣根を打ち破る（たとえば、空間的、組織的、プロセス上の壁）
- 開発チームと同じツールを使う

それと似た理論かもしれませんが、**図7-3**のような図を最近よく見かけるようになってきました。

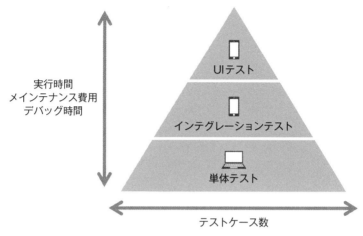

図7-3：Googleの自動化ピラミッド

　この図の意図しているところは、単体テストの自動化を多くして、UI周りのテストの自動化を少なくしましょう、ということです。
　ここもまたシフトレフト（開発中にテストを重点的に行う）できてない、日本の組織多くないですか？

8章

ソフトウェアテスト運用の基本
—テスト成功の方程式—

　テスト担当者から一番多く出る質問は「どのようにテストするんですか？」というものです。手法や理論の知識はあっても、実際のソフトウェアに対してどのようにアプローチしてよいかがわからないというエンジニアは少なくないのです。

　残念ながらそれに一言で答えることはできません。まず、ソフトウェアの種類によっても大きく異なります。もしそのソフトウェアが飛行機や鉄道などを制御する場合、人命にも関わるものですから、ホワイトボックスとブラックボックスの両方のテスト手法を多用し、コードカバレッジレートも100％に近いものにしなければならないでしょう。逆に、そのソフトウェアが開発者用のツールであれば、それほどのテストは必要ないでしょう。ホワイトボックステストをまったく実行しないという方針も考えられます。

　筆者はMicrosoft、SAP、そしてソニーでテストの責任者として仕事をしてきた中で、3つの会社の製品に対して最適であると思われる多種多様なテスト手法を試みてきましたが、ソフトウェアテスト運用の基本はそれほど差異がありませんでした。ここでは、その基本を説明していきます。

8.1 最悪のソフトウェアを出荷しないようにするには ―コストと品質のバランス―

　商業的ソフトウェア製品を出荷する場合には、**図8-1**の式が成り立つようにテスト計画を立てる必要があります。

図8-1：ソフトウェア品質の公式1

　テストに時間と費用をかければ、ユーザーからのクレームは少ないでしょう。逆にテストに時間と費用をかけなければサポートの電話は鳴りっぱなし、SNSでは叩かれっぱなしになり、パッチリリースを出さなければならない事態になる

かもしれません。

　もう1点考慮に入れなければならないのは、致命的なバグによる全品回収やらサービス停止やらの可能性です。ただし**図8-2**のような式は成り立ちません。

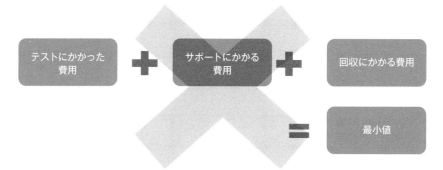

図8-2：ソフトウェア品質の公式2

　なぜこの式が成立しないかというと、回収やバグによるソフトウェアアップデートのコストは予測できないからです。また、企業イメージを著しく損ねる可能性があるため、その損失も計り知れません。さて、最悪のソフトウェアを出荷しないようにするにはどうするかというと、基本は単純です。ちゃんと計画を立ててスケジュールを守り、テストケースを的確に実行する、それだけです。

　フローチャートにすると**図8-3**のようになります。実は筆者も大したことはやっていません。「高橋さんはテストに関する本を書いたり講演をしたりするすごい人で、難しい理論を用いてソフトウェアの品質の管理をしているはずだ」と言われたことがあります。しかし、実際には小難しい理論なんてまったく使っていません。そう、基本が大事！ バグのない製品が出れば、それでよいのです。

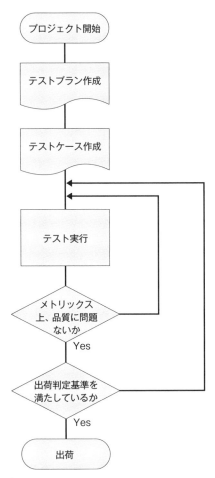

図8-3：シンプルな考え方

8.2 | **テストプランの書き方**
—IEEE 829 テストプランテンプレート—

　まずはテストプランです。テストプランについて、皆さんは多少の違いはあるものの、同じようなテンプレートを使用し、同様に害のないことを記述しています。なぜなら、たいていの場合テストプランの作成にはIEEE 829[IEE98]のテスト

プランテンプレートが使われるからです[*1]。

8.2.1 IEEE 829のテストプランテンプレート

IEEE 829についての筆者の感想は「こんなもんでしょう」というのが本音です。対抗馬のテンプレートもないことですし、これを使ってください。もちろんこのテンプレートに項目を追加しても構いませんし、削除するのも可能です[KAN02]。

たとえば部長から「レビューするからテスト計画を出せ！」と言われた場合は、胸をはって「はい、IEEE 829を使ってテストプランを書きました」と言って提出します。まあ管理職なんてIEEEとかISOを必要以上に信奉していますし、レビューが出てきても「漢字の間違いが多いぞ！」などと言ってくるのが関の山です。「そんな些細なことより内容をチェックしてください」なんて無駄な抵抗はせずに「はいはい、修正して今日中に再提出しますね」と答えておけば大丈夫です。

ただ、部下に対しては十分レビューをさせて意見を求めます。テストプランはテストチームにとっての憲法みたいなものだからです。

本書ではサンプルのテストプランは掲載しませんが、Googleなどの検索エンジンで「IEEE 829」と入力すれば、十分な数のサンプルのテストプラン（英文含む）が見つかると思うので、それらを参照してください。実際、筆者もIEEE 829のテンプレートをベースにして拡張したものを使っています。もし読者の会社で標準的なものがあればそれを使っても構わないでしょう。たいていそうしたものはIEEE 829のテンプレートを流用したものだと思います。

---

*1 現代ではISO 29119のスタンダードを参照すべきかもしれませんが、テスト計画はしっかり書くというより、早く何度も書き直すことが重要だと考えています。なので筆者はまだ古いタイプのテスト計画書を使っています。10分でテスト計画が書けるのが理想かもしれません[WHI12]。

IEEE 829のテストプランテンプレートには、以下の要素が含まれます。

- テストプラン文書番号（Test plan identifier）
- レファレンス（References）
- はじめに（Introduction）
- テストアイテム（Test items）
- テストするべき機能（Features to be tested）
- テストする必要のない機能（Features not to be tested）
- アプローチ（Approach）
- テストアイテムの合否判定基準（Item pass/fail criteria）
- 中止基準と再開要件（Suspension criteria and resumption requirements）
- テスト成果物（Test deliverables）
- テスティングタスク（Testing tasks）
- 実行環境（Environmental needs）
- 責任範囲（Responsibilities）
- 人員計画、トレーニングプラン（Staffing and training needs）
- スケジュール（Schedule）
- リスクとその対策（Risks and contingencies）
- 承認（Approvals）

では、主な項目を説明していきましょう。

8.2.2 テストプラン文書番号（Test plan identifier）

文書には何らかの管理番号をつけます。「ver1」でもよいし「November12-2024」でもよいでしょう。基本的には構成管理計画書に従うべきです。もちろんこのテ

ストプランは構成管理対象物[*2]です。当然、テストプランは常にアップデートされるべきドキュメントなのでバージョン番号もつけます。

8.2.3 レファレンス（References）

テストプランに関連するドキュメントを列挙します。以下のようなものです。

- プロジェクトプラン
- 要求仕様書
- UI仕様書

8.2.4 はじめに（Introduction）

IEEEは「テストアイテム」「テストするべき機能」の要約を書けと言っているので、文書の冒頭でまとめておきましょう。まあ害のない程度に大上段に言い放ってもよいのではないかと思います。筆者は「なぜこのテストプランを書かねばならないのか」「今後のテストはどういう方向性で作業を進めていくのか」「どういう品質の製品を出したいのか」といったことを書いています。

8.2.5 テストアイテム（Test items）

IEEEは、文書に次の情報を書くように規定しています。

- テストするソフトウェアのバージョン
- ソフトウェアがどのメディアでテストされているのか、それがどのハード

[*2] 構成管理対象物とは、いわゆるソースコードと同様にバージョン管理などを行って大事にしまっておくもの、決して自分のPCだけに置いておくだけのものではないものという意味です。

ウェアに依存しているのか

つまり、ここは出荷する製品の詳細を書くと思っていれば間違いありません。以下のような感じです。

- ユーザー認証アプリケーション　バージョン2.0（Ubuntu）
- Webクライアントアプリケーション　バージョン3.2

8.2.6　テストするべき機能（Features to be tested）

テストする機能についてあえて記述する必要があるかというとちょっと疑問がありますが、ここは機能をリストアップしておきましょう。大規模な製品の場合、再利用化した機能をテストすべきなのか、もしくは買ってきたソフトウェア部品に対してテストを行うかなどについて書いてもよいでしょう。

8.2.7　テストする必要のない機能 (Features not to be tested)

この項は意外と重要です。テスト計画を立てる人は、必ずこの点を明記しなければなりません。外注に出したソフトウェアはテストするべきなのか、また以前発売したソフトウェアとの互換性などについて書きます。これによってテストに必要な予算も変わってきます。この場合機能と書いてありますが、非機能の部分も含めるべきでしょう。セキュリティ品質に関してテストチームがどれくらい関与して、どこまで関与しないか。たとえばセキュアコーディングはどんなソフトウェアでも必要で、セキュアコーディングがされているかの監査も必要になります。誰がその監査を行うかの明確化は必要になります。

人員計画、トレーニングプラン
(Staffing and training needs)

人員のプランは、当然のことながら綿密に立てなければなりません。

早く人員を投入し、早い段階からテストをすればそれだけ早くバグが見つかり、コスト削減に顕著に貢献します。バグは設計の段階で見つけるほうが全体のコストを低く抑えられます。

ただし、プロジェクトの初期段階では、コーディングの真っ最中でテストするものが存在しない場合があります。その期間はテストするための準備期間として有効に使うべきなのですが、テストの準備期間より開発の準備期間のほうが長いのが現実です。早い段階でテストの人員をプロジェクトに参加させるべきだとわかっていても、この長い開発準備期間を考慮に入れると、テスト準備はコアメンバーだけの参加にとどめ、テスト計画の立案作業に従事したほうがよいでしょう。その後コードがある程度できてきて、最小限のテストができるようになってからテスト要員を追加するのがよい方法だと筆者は信じています。

プロジェクトに悪影響を与える人員追加

大規模ソフトウェアの開発では、たいていスケジュールが遅れることになっています（ちと言いすぎですが、筆者の経験上そうなっています）。ということはほとんどのプロジェクトでは遅れを取り戻すため、もしくはこれ以上遅らせないために開発やらテスト人員を追加する可能性があります。しかし、プロジェクトが遅れたからといって、人員をやみくもに増員するのはまったく賛成できません。テストはソフトウェア開発の最後の砦の作業です。その重要な作業を、プロジェクトをよく知らない新人に任せたりするのはどうかと思います。

ある日のできごと。筆者はWindowsのAPIをテストするテストコードをC言語で書いていました。そのときもテスト作業が遅れていたので夜の10時になっても仕事をしていました。すると、友人の開発者がやってきて、こんな会話になりました。

友人「大変だねーいつも。何なら俺が手伝ってやろうか？」
筆者「悪いね。そしたらこのテストケース書いてくれる？」
友人「OK。でも俺の書いたテストコードって誰がテストするんだい？」
筆者「……」

　もし増員して、その人が信用ならない人だったら？　その人はプロジェクトでの暗黙のルール（ドキュメントに書かれていないルールはたくさん存在するはずです）を知っていますか？　開発者が書いたコードはテスト担当者がテストしますが、テスト担当者が書いたコードや、テストケースは誰がチェックすることになっていますか？　残念ながらテストにおける人員の追加は、開発における人員の追加より一般に困難で危険です。

遅れの出ているソフトウェア開発プロジェクトに
人員を追加するとさらに遅れる
　　　　　　　　マーフィーの法則

　マーフィーの法則には冗談も含まれていますが、真理も突いているようです。McConnell も同様のことを述べています [MCC93]。しかし多くのプロジェクト（特に品質の悪いソフトウェアを出すようなプロジェクト）では、この法則をわかっているか否かにかかわらず、**図8-4**のようにプロジェクト後半になって人員が追加されていきます。まあ人を追加すりゃ、なんとかなるだろうという無責任なマネージャーのなせる技なのですが。

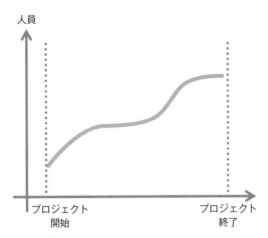

図8-4：あまりよくない人員計画

しかしこのようなプロジェクトは典型的な失敗プロジェクトです。なので、プロジェクト初期段階から綿密に計画を立て、PMBOK[PMB04]が推奨する以下のような時系列の人員構成にする必要があります（**図8-5**）。**最後に頭数をたくさん突っ込んで、バグをたくさん修正しても、いいことなんてまるでありません、本当に。**

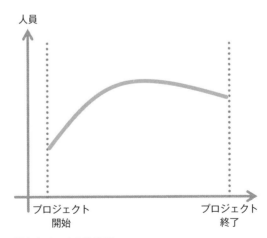

図8-5：PMBOKに書かれている人員計画

とはいえ、いくつかの特別な状況であればプロジェクトの最後の段階で人員を追加することは有効です。条件としては新たに入る人の仕事が独立しており、メインのプロジェクトとあきらかに分離していることが必要です。

こんなたとえ話があります[MCC99]。「さあ、子どもを1人産みましょう！ というゴールがあった場合、9人の女性がいくらがんばっても1人の女性と同じスピードでしか産めない。なぜなら9人の女性の間ではタスクがシェアできないからである」*3。要は明確に分離できる仕事の場合は、増員により効率化ができるということです。

ただし、プロジェクトの遅れを増員することで取り戻す場合、次に挙げる負の要因をよく考慮に入れなければなりません。

増員した場合、その人がチームの一員として力を発揮するまでには時間がかかります。さらにプロジェクトが遅れている場合、往々にして困難かつ複雑な状況下にチームが置かれていますが、新メンバーがそれらの状況を理解するにはやはり時間がかかります。チームに新たにテスト担当者を加えた場合、そのテスト担当者が新しい技術の取得や環境に適応するのに時間がかかるだけではなく、既存のチームメンバーの時間も費やされる懸念が生じるのです。たとえばプロジェクトの概要を説明し、チームメンバーを紹介し、扱いに気をつけるべき開発者（開発者のかなりの数が、かなり低いコミュニケーション能力しか持たない）を教えなければなりません。しかし、もしそれらの教育の時間を取らなければ、彼はチームにとっての厄介者になってしまいます。

8.2.9 人員や時間をどう見積もるか

テスト責任者は明確な予算策定とコストに対する意識を持つべきです。なぜなら品質とコストは強い相関関係にあるからです。

しかしながら、テストにかかるコスト計算は難しいものです。スケジュールが延びればコストが増えるうえ、不確定要素はスケジュールだけではないからで

---

*3　Steveは世界的なソフトウェア研究者ですが、たまにたとえがよくないことがあります……。

す[*4]。

さらに、どれだけの人員をテストにかけるかはプロジェクトの責任者の感覚に依存します。筆者は長い間テストの責任者をやってきましたが、残念ながらテストに対してしっかりしたコスト意識を持ったプロジェクト責任者と働いたことはありません。多くの場合、前年ベースの予算や、ほかの既存のプロジェクトと似たような予算を与えられ、その中でテストチームを運営してきました。

では、テストのコストに最も影響するのは何かというと、当然ソフトウェアの品質です。極論、完全なソフトウェアを作ればテストなんて要らないと言い続けて数十年、ソフトウェアの品質は変わってきていない気がします。

IBMの調査によると、平均的なソフトウェアのコード1000行のうちに60個のバグが存在するといわれています[PER95]。もしこのデータを利用するとしたら、1万行のソフトウェアを開発する場合600個のバグが存在すると推定できます。1人のエンジニアが1日3つのバグを見つけると仮定すると、そのコストは次のように計算できます。

> 600個÷3個（1日当たりのバグ発見数[*5]）× 7万円（1日当たりのざっとした人件費）= 1千4百万円

うーん、高い！ でもそのぐらいかかっていると筆者は思います。このコストの内訳としては以下のものを想定しています。

- バグを見つけるコスト
- テストケース（単体テスト含む）を作成及び実行するコスト
- 修正されたバグを確認するコスト（回帰テスト）

[*4] テストコストについては "Effective Methods for Software Testing" [PER95] に詳細に書かれているので参考にしてください。

[*5] ここでは仮に3個としていますが、平均的なテスト担当者がどれだけのバグを発見できるかについての学術データは存在しません。またソフトウェアがPCのGUIアプリケーションなのか、Webアプリなのか、ライブラリのAPIを提供するものなのかなどによっても大きく異なります。そのため過去のプロジェクトを参考にしてこの値は変更する必要があります。

そのほか下記のようなコストも、当然プロジェクト開始前から見積もっておく必要があるでしょう。

- ミーティングにかかる時間
- ドキュメンテーションにかかる時間
- わからず屋の開発者にバグを説明する時間
- ハードウェアコスト（PC、サーバー、回線など。特に組み込み系の場合）
- ソフトウェアライセンス（テスト自動化ツールなど）
- 出張費
- トレーニングコスト

8.2.10 スケジュール（Schedule）

> プランなしでは何事も進まない。
> しかしソフトウェアテストという作業は最も
> プランなしに進みがちなものである
>
> juichi Takahashi

　開発は往々にして（必ず？）遅れます（再掲）。しかし出荷を遅らせることはあってはならないのが難しいところです。Steve McConnellはこんなたとえ話をしています。

旅行に行くとき、はじめはなるべく小さいスーツケースを選び、荷物が
それに収まるように準備する。しかし寒いかもしれないからもっと服を
持っていこうなどと考えると、その小さなスーツケースがだんだん満杯
になっていく。えいや！ とスーツケースの上に乗ってなんとか閉めた
ものの、出発当日さらに旅行に必要なものが出てくる。
しかしスーツケースにはもう入らない、新たにスーツケースを買うべき
か、もしくはスーツケースの中身を全部出して必要なものの優先順位を
再度決めるべきか。しかし、もう時間がない……。

　ソフトウェアにも同じことがいえます。開発途中に往々にして機能が追加され
ていき、出荷3ヶ月前に役員から呼ばれて「この機能は重要だから、何が何でも
入れろ！ ほかの機能は犠牲にしても構わん！」などと命じられます。

　ほかの機能を犠牲にしろと命令されても、アーキテクチャ（スーツケースのサ
イズ）は決まっているし、新たな機能を入れるにはアーキテクチャを再検討（新
しいスーツケースを購入）しなきゃならない。さあ困った。

　実際、開発のスケジュールでさえうまく見積もれないのに、開発スケジュール
に大きく依存するテストのスケジュールを正確に見積もれというのは無理な話
です。ではテストスケジュールは不必要なのでしょうか？ そんなことはありま
せん。

スケジュールを正確に見積もることが
最重要課題なのではなく、
コントロールできるスケジュールが必要

Steve McConnell

なのです [MCC00]。

テストのスケジュールは計画を立てるという意味より、計画の実現性の可否を確かめるといった意味合いが強いものです。もちろん計画を立てたら短いサイクルで（2週間おきが筆者の好みです。もちろんイテレーションごとに見直すことも可能です）見直す必要があります。

以下ではテストスケジュールについて記述するときに、考慮すべき点をいくつか説明します。

8.2.11 テストスケジュールは開発スケジュールに依存する

テストのスケジュールを書くのは至難の業です。 開発スケジュールに比べて何倍も困難です。なぜ難しいかというと、**開発スケジュールに依存する部分が大きいからです。**

開発終了が2週間遅れれば、テスト計画は必ず2週間以上遅れます。平均的な大規模プロジェクトでは1年のスケジュールの遅れと、100%の予算が超過しているといわれています[MCC93]。あるスケジュールの例をもとに考えてみましょう。

4月1日	デザイン終了
7月1日	コーディング開始
9月1日	コーディング終了
11月1日	ソフトウェア出荷

このようなスケジュールは、実際にはプロジェクトが進むにつれて、次のような変更が加えられることになるでしょう。

5月 1日	デザイン終了
8月15日	コーディング開始
10月31日	コーディング終了
11月 1日	ソフトウェア出荷

なんとコーディング終了後にすぐ出荷！？

これはウォーターフォールの場合の遅れですが、アジャイルの場合は様相が変わるだけで、本質なところは変わりません。イテレーションで実装すべきもの

が実装できなくなり、イテレーションが進むたびに残実装が増えていったりします。

さらに追い討ちをかけるのが仕様の変更や追加です[6]。実際のプロジェクトの開発やテストに従事している人は肌で感じていると思いますが、開発のスタート段階で決まっていた要求仕様や設計仕様が、開発が進行するに従って増えていきます（なぜか減ることはないんですよね）。

しかし、現場では要求仕様の増加を見越してスケジュールや予算を組んでいることはまずありませんから、すぐにスケジュールが破綻してしまいます。

さまざまな理由によりテストの期間が計画時より短くなったときに、**テストマネージャーが取り得る選択肢は次の3つしかありません。**

- ソフトウェアの品質を下げる
- 出荷を遅らせる
- 機能を削る

しかし、開発責任者（多くの場合、部長以上）は往々にしてテストスケジュールが短くなっても「なんとか品質を確保しつつ計画通り出荷できないか？」などと言ったりします。筆者はそのような責任者に対して尊敬の念を抱きませんし、叱ることも結構あります（もちろん状況が許せばの話ですが）。

8.2.12 スケジュールをコントロールするコツ

もしテストした製品がバグだらけの場合はどうしたらよいでしょう？ 1000個あるテストケースの実行はバグがなければ2週間で終わるのに、バグのためまったくテストが進まなくなるかもしれません。いくらスケジュールをしっかり立てても、ソフトウェア開発の現場では一寸先は闇と考えなければならないのです。

---

[6] アジャイルでは変更がある意味推奨されているので、ウォーターフォールモデルより品質の担保が困難になります。

とはいえ、テストスケジュールをコントロールするためのコツがいくつかあります。

- スケジュールソフトウェアを使う。依存関係による変更がしやすいので便利
- 前回のスケジュールを利用する
- できるだけたくさんの開発関連の情報を集める

ソースコード行数、APIの数、UIの数などテストスケジュールに影響を与える要素は、一般的にソフトウェア開発[MCC93]と共通するものもありますが、テスト独自のものもあります。以下の事項の変動はテストスケジュールに影響を与えます。

- バグの数
- コードの再利用化率
- 予算
- 開発者との関係
- チームの構成
- チームのモチベーション
- 利用可能なドキュメントの数
- チームの成熟度

またテスト担当者としていくつか、よくない兆候には気づき、そして提案したほうがいい場合があります。プロジェクトの関わる人数が多いと、バグが増えます。なのでできれば**ソフトウェアというのは少数精鋭で少しスケジュールに余裕を持って開発したほうがいいです**[PUT03]。

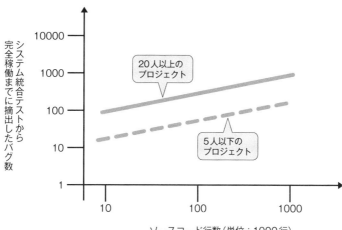

図8-6：プロジェクトの人数とバグ数

　またスケジュールのプレッシャーもいいことはありません。開発者が「早く出せよ！」といったプレッシャーを受けると、だいたい単体テストを端折ったり、レビュー時間が短くなったりして、より多くのバグが混入されます。スケジュールを倍に延ばせとはいいませんが、筆者の経験からは10%ぐらいの余裕を持つと品質・スピードがうまく乗ってくると思います。結局テストフェーズでバグが出れば、大きなタイムロスが生じるのですから。

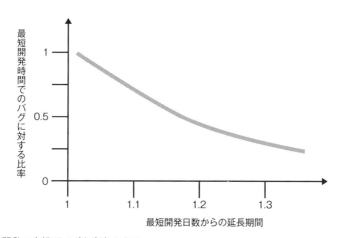

図8-7：開発の余裕がバグを少なくする

8.2.13 リスクとその対策（Risks and contingencies）

リスクは最も書きにくい部分です。リスクの定義をよく知る読者は少ないで
しょうし、リスクマネジメントという概念も日本人にとっては、まだ馴染みの薄
いものにとどまっているからです。

以前、部下にリスクの項目を書くように言ったことがあります。何も教えな
かった筆者も悪いのですが、部下の1人は「東海地方に地震があるかもしれな
い。その場合テストスケジュールが完遂できない恐れがある」「カゼでメンバー
が休んだ場合、スケジュールの遅れが出るかもしれない」と書いてきました。
「それはリスクじゃない！」と怒った覚えがあります。しかし、これは笑いごと
ではありません。

では、リスクとは何でしょう。勝手に定義させてもらうと「起こり得る可能性
のある問題」と筆者は認識しています。当然起こらない可能性があるのでリスク
に対処しないという戦略もあるでしょう。
その可能性も含めて定式化すると、以下のように表すことができます[BAA00]。

図8-8：リスクの定義

問題が起こる確率が著しく低い場合、もしくは問題が起こったときのダメージ
が著しく小さい場合はリスク管理の必要はないでしょう。リスクは研究者によっ
ても当然扱いが異なってきますが、ここではJames Bachの典型的なソフトウェ
アテストのリスク要因を挙げます[BAA00]。

●複雑度
　何か複雑なものを使っているか。たとえば非常に複雑な暗号モジュールが
　ある場合

- **新規性**

  何か新しい技術を使っているか。たとえば今までにまったくなかったタイプのクラウドサービスを使っている場合

- **変更**

  何か大きな危険性のある変更を行っている場合

- **依存性**

  開発製品がある製品に依存している場合。たとえば開発するアプリケーションがまだ出荷されていないWindowsの新しいバージョンに依存している場合など（Windowsは実際いつ出るかわからないことが多い）

そのほかリスクはさまざまなものがありますが、管理すべきリスク、考慮すべきリスクを増やすとそれだけリスク管理にコストがかかります。完全なるリスク管理はそれ自体がリスクになるともいえるでしょう。

また、ソフトウェアテストを実施する場合、テストだけに関わるリスクもありますが、プロジェクト全体に関するリスク、もしくは開発に依存するリスクもあります。たとえばあるモジュールの開発スケジュールの遅延が発生し、十分なテストの時間が持てないといった事態です。こういう場合はテストチームの中だけでリスクを考えるより、プロジェクト全体でリスクを検討するほうがよいでしょう。

8.2.14 承認（Approvals）

次に「承認」です。誰に承認を取るかは組織によってかなり異なると思いますが、承認者として、できればプロジェクトマネージャー、開発責任者、及び自分の上司は必ず入れたいものです。

米国式にいろいろな部門の長（サポートやマーケティング）を集めるようにしようという意見もあるようですが、日本の組織では何か問題が生じた場合、上司がたいていケツを拭いてくれるし、問題がありそうな人物にはあらかじめ根回しをしてくれるので、それほどたくさんの人の承認は必要ないでしょう。

承認をもらう場合、いくつかの方法があります。たいていの書物には、テスト

ケースの承認のために承認会議を行うようにと書いてありますが、筆者はこの方法に必ずしも賛成ではありません。このやり方が成功したことはあまりないのが実状です。

筆者が経験したプロジェクトでは、早期にテスト担当者をプロジェクトに参画させ、ドキュメンテーションのタスクはなるべく早い時点で行っていました。そのため、テストプランも1回のリリースではなく数回にわたります。

リリースのたびごとに承認会議を開くことは可能ではありますが、プロジェクトのキーメンバーを何回も会議に釘付けにしておくのが正しい方法とは思えません。たいていの場合、ミーティングリクエストを出しても、出席するのは初回だけで2回目からは無視される可能性が高くなります。それなら、関係者全員にメールで「何か要望、質問がありましたら返信ください」と送るほうがお互いの時間の節約になります。

8.2.15 終了基準

テストの終了基準を筆者は最も重要な計画要素であると考えていますが、なぜかIEEE 829には存在しません。しかしメトリックス（メトリックスの章で詳述）を用いた終了基準を持つべきだと筆者は主張します。メトリックスとしては以下のようなものが考えられます。

- 重要度が「高」のバグが残存していないこと
- すべてのテストケースの98%をパスしていること
- 48時間以内に重要度「高」のバグが発見されていないこと

以上は一例です。実際には各々のプロジェクトに適応した終了基準を持つことになるでしょう。

ただし、1つだけ注意が必要です。それは、**必ず測定可能な数字で表現することです。**たとえば「24時間プログラムを走らせても十分安定していること」なんていうのはバツです。最終的に出荷するか否かを判断するときに、開

発マネージャーが24時間で10回コケるソフトウェアを作っているにもかかわらず「十分安定している。コケてもすぐ復旧するし、少なくとも24時間中23時間50分は問題なく走るから大丈夫」なんてとんでもない主張をすることになりかねません。

　開発者は早く製品を出荷することが彼らの責務なので、自分が書いたプログラムは完璧だと信じたいのです。万が一品質が悪いことにより出荷が遅れた場合、マーケティング部からお前のせいでいくら損害になったとか言われるのが嫌なのです。

　しかし、そんな製品を出荷すると、こんな品質の悪いものを出しやがってとマーケティング部やユーザーサポートから文句を言われるのはテストグループです。そのとき開発マネージャーが何か弁明してくれると思いますか？

　「テストグループがちゃんとテストしないからこんなバグばっかりの製品になっちゃうんだよな」なんて言われるのがオチです。彼ら自身がバグを作っているにもかかわらず、です。

　このような最悪の事態にならないように、開発マネージャー、テストマネージャーがお互い納得できる終了基準を設けておきましょう。

　以上で主なテストプランの項目については説明しましたが、いくつかの項目の説明は省いています。「アプローチ（Approach）」「テストアイテムの合否判定基準（Item pass/fail criteria）」「中止基準と再開要件（Suspension criteria and resumption requirements）」「テスト成果物（Test deliverables）」「テスティングタスク（Testing tasks）」「実行環境（Environmental needs）」「責任範囲（Responsibilities）」についての記述は、簡単もしくは実務としてテストをするうえであまり重要でないという理由で省きました。こうした記述についてはネットで検索すれば例がたくさん出てくるので、それらを参考にしてください。

　ここでもアジャイル対応について言及する必要があるでしょう。ウォーターフォールモデルは終了基準が重厚長大でも許されました。しかしアジャイルでは基本イテレーションが終わればリリースできるようにするべきでしょう。そんな開発スタイルにあって、手動でデータを収集し判断するようなルーチンは加える

べきではないと考えます。すべてのデータは自動的に収集され、判断も人為的ではなく自動的にするべきだと考えます。自動品質ゲートなるものが自動的に発動するような仕組みを用意する必要があるということになります。

8.2.16 テストプランの理想と現実

　IEEE 829についてざっと説明しましたが、残念ながら筆者はIEEE 829テンプレート自体をベストとは思っていません。IEEEやISOスタンダードすべてにいえることなのですが、あらゆるソフトウェアに適応しようとしているため、逆にどんなソフトウェアにも適応できない症候群に陥っている印象もあります。読者にはたくさんのテストプランを見て、自分なりのテストプランを見つけることをお勧めします。

　テストプランについてかなり長く書きましたが、必ずしも長大なテストプランを作成する必要はありません。テストプランは他部門、もしくは部下によって読まれるドキュメントであり、レビューが目的です。関係各所に対して、こんなふうにテストをするのでなにとぞよろしくと伝えるためのドキュメントといえるでしょう。

　逆にいえば、100ページ以上にも及ぶテストプランを皆でレビューしましょうというのは土台無理な話です。ドキュメントはちゃんとしたものを書くべきですが、「できるだけ」ちゃんと書くという程度にしたほうがよいと思います。

　一時期ソフトウェアプロセスが流行っていましたが（今も流行ってる？）、そこでは完全なドキュメントが要求されます。CMMのレベル5を取ったソフトウェア会社は、きちんとしたドキュメントを書かねばなりません。しかしCMMレベル5を取った会社の製品の品質が本当に優れていますか？　もう少しそのあたりのことを考えながら作業をしてもよいのではないでしょうか。

　Tom DeMarcoは昔日の講演で「IBMはOS/2を作るにあたりドキュメント作成だけで数年間かかると言っていた。Microsoftはまったくドキュメント作業なしに（言いすぎだと思うけれど）、Windowsを開発した」と語っていました[DEM04]。

事実、筆者がMicrosoftのシアトル本社で働いていたときは、200人以上の開発者がドキュメントをそこまで気にせずに粛々とプロジェクトを進めているのを見て驚いたものです（さすがにそれはやりすぎじゃないかとも思いましたが）。

8.2.17 アジャイル開発とテスト計画

今まで説明してきたのはウォーターフォールモデル前提のテスト計画書でした。これをアジャイル開発に適応させるにはそれなりの工夫が必要かもしれません。アジャイル特有の「変化」や「スピード」に対応する必要があるからです。イテレーションごとに大きなテスト計画書の変更はないかもしれませんが、小さな変更に適切に計画を対応する必要が生じるでしょう。

テスト計画書にはさまざまな項目があります。その項目の中であらかじめイテレーションのはじめに書き換える部分をピックアップして、そこの部分だけ短く対応するのはどうでしょうか？

1つの参考としてJames[7]がGoogle時代に提案したアイディアを紹介します。

- 属性（Characteristic）
- テストするべきパーツ（Parts）
- テストする目的（Purpose）

3つの目的を明確にする文章を10分で書けというものです。まあ乱暴な考え方ですが……。

少し内容を説明してみましょう。

属性（characteristic）とは、そのソフトウェアがユーザーに対して何を提供するかです。たとえば会計アプリなら年末調整の書類、カーナビなら目的地まで最適に案内することが挙げられるでしょう。その属性を担保するためのテストケースをどう生成するかを計画します。

---

[7] あいかわらずJamesの提案は突拍子もありません。ご存じのように、私の大学院時代の指導教官であり、世界的著名なテストの学者の意見ではあります。

パーツ（parts）とはソフトウェアのどの部分をテスト[*8]するかを明確にするかです。ここはある意味、どこの部分をテストしないかをリストアップすることも包含しています。

目的（purpose）はユーザーの目的に対してソフトウェアが何を提供しているかです。カーナビユーザーは目的地に向かう途上で、交通違反情報をほしいかもしれません。SaaSの会計アプリなら24時間いつでも使いたいですし、年末調整シーズンにサーバーの高付加によってダウンすることはあり得ないことでしょう。

これら3つはどれも、適切にブレークダウンしたテストケースに落とされることが期待されます。ユーザーストーリーや要求仕様に対するブレークダウンしたテストケースが必要だという認識はあるかもしれませんが、テスト計画でのcharacteristic, parts, purposeを明確にし、それをブレークダウンすれば抜けのないテストケース群が作成されると筆者も考えます。

8.3 テストケースの書き方
—効率的なテストケースの作成と管理—

セミナーの講師などを担当していると、「テストケースってどうやって書くんですか？」という質問によく出くわします。「今までどうやってテストしてたんですか？」と聞くと、あまりちゃんとした答えが返って来ないので原因はよくわからないのですが、かなりの人がテストケースを書くのに自信がないようです。

8.3.1 テストケースの記述例

基本的にはテストケースはどう書いても構わないのです。ただ、書くときには曖昧な表現・記述をしないほうがいいのはいうまでもありませんね。テストケースは普通のテストサイクルで利用されるとともに、正しくバグ修正が行われたかをチェックする回帰テストにも使われます。開発期間中、何度となく利用される

[*8] 原文ではverificationになっているが、テストと本書では訳しました。

ため、**いつ、誰がやっても同じような結果が得られるように書かなければなりません。**たとえば Microsoft Notepad でファイルのセーブをテストするテストケースでは、以下のような記述が推奨されるでしょう[PAG09]。

テストケース ID: NOTE1256
テストケースタイトル: ファイルの保存

実行ステップ:
ステップ1. Notepad を Windows スタートメニューより立ち上げる。
ステップ2. abcdefg とタイプする。
ステップ3. [Ctrl] + [S] キーを押す。ファイル名入力エディットボックスに C:¥text.txt と入力。

結果及び確認:
ファイルが保存されたことをファイルマネージャーで確認するとともに、ほかのソフトウェア（コマンドプロンプトであれば type コマンドなど）で入力内容が正しく保存されていることを確認。

必要な環境及びソフトウェア:
　Windows 11 で実行。

　まあいつも見る最悪なテストケースとしては、Excelをテストケース作成ツールとして使って、次のように書かれているようなものがあります（多くの組織はこんな感じでしょう）。

	機能	副機能	結果
Notepadテスト	ファイル名入力	アルファベットファイル名	OK/NG
		日本語ファイル名	OK/NG
		数値ファイル名	OK/NG
		長いファイル名	OK/NG

図8-9：旧来のテストケース

157

そしてバグばかりのソフトウェアを出荷したりします。「これじゃいったいどんなファイル名を入れてテストしているかわからないだろ！」とよく筆者は怒ったりします。

8.3.2 テストケース管理ツールを使う

テストケースの入力や管理の手っ取り早い方法として、市販もしくはオープンソースのテストケース管理ツールを導入するのも手でしょう。日本ではこのようなテストケースを管理するツールはあまり浸透していませんが、米国では盛んに使われています。このようなツールを使うと次のようなメリットがあります。

- ツールを持ってテストケースを書くことによって、複数のテスト担当者が同じ粒度でテストケースを入力しやすい
- テストケースの管理がしやすい

実はこのようなテストツールを使用するとテストマネージャーの仕事量は激減します。テストマネージャーは常にテスト担当者がどのくらいテストケースを実行しているか、そのうちいくつのテストケースが失敗しているかを監視する必要があります。そのためにはこういった管理ツールは必須です。筆者はテスト管理ツール以外のツールを使ってテストケースを管理するのはあまり好みません。確かに数百のテストケースを作成し、それを1回実行するだけならExcelやスプレッドシートを使うことも可能ですが、数十回もテストケースを実行するプロジェクトなら、それなりにツールを使って管理しなければならないと思います。

8.3.3 テストケースはいくつ必要か

　筆者は「いったいいくつのテストケースを作成すればよいのか？」といった質問もよく受けますが、これにはあまり答えたくありません……。なぜならそれはとても難しい質問だからです。頼りの学者先生たちはあまりこうしたベーシックな研究をしていないようで、文献にも載っていないのが実状です。

　筆者の知る限り、昔日の日立ソフトウェアエンジニアリングの例が唯一で、それによるとソースコード10〜15行当たり1つのテストケースであったと記述されています[YAM98]。1万行のプログラムの場合1000個のテストケースが必要といったところでしょうか。

章

ソフトウェア品質管理の基本
—ソフトウェア品質のメトリックス—

「品質が高い」とか「品質が低い」などと評価、表現されますが、何を根拠にしているのでしょうか？「われわれは非常に高い品質のソフトウェア製品を出荷している」とか「テストチームはすべてのテストケースを終了した」なんて言っている人を見かけたことはありませんか？ そんなとき、筆者は「その品質の高さを具体的に見せてくれ！」とか「それが品質を担保しているの？」と内心思っています。

9.1 品質を目に見えるものにするには
—メトリックス選択の基本—

テストという作業は、アウトプットが非常に見えにくいものです。 たとえば開発では「この機能の実装は非常に短い期間で終了した」とか、「コードの修正によりパフォーマンスが20%上昇した」と言うことができます。しかし、テストでは「この製品の品質が20%向上した」とはなかなか言えません。とはいえ、テストマネージャーは品質の指標を持つことを常に意識するべきでしょう。ソフトウェアテストでは、その指標のことを「メトリックス」と呼びます。

後学のためにもメトリックスの定義をもう少し深追いしていきましょう[ROB92]。

> Software metrics are used to measure specific attributes of a software product or software development process.[ROB92]（ソフトウェアメトリックスはソフトウェア製品もしくはソフトウェアプロセスの特定の属性を示すために使われる）*1

まあそういう定義になりますよね。しっくりきます。

---

*1　Fenton[FEN97]はこれにresourceを入れているので、product, process, resourceという定義でもいいのかもしれません。

> 計測できないものはコントロールできない。
>
> Tom DeMarco

ソフトウェア工学の有名な研究者DeMarcoの言葉です。解説は要らないと思います。逆にいうとコントロールしようと思ってないものは計測する必要はないとも読み取れます。コンサルでたまにたくさんの数字を計測している会社がありますが、何のためにこんなにたくさんデータを取っているのか不思議なケースがあります。少ない計測で大きな改善というのもメトリックス活動では重要だと思います。

指標というからには、第三者にはっきり数字として示せるデータでなければなりません。筆者はメトリックスデータを取ったり使用したりする場合、次の2点に気をつけています。

- なるべく誤差がなく人間の私情・恣意に左右されないものを選ぶ
- 開発するソフトウェアの品質を十分代表するものを選ぶ

この2つのポイントについて説明しましょう。

○ 私情や恣意の入らないものを選ぶ

残念ながら、データというものは都合のいいように（主に仕事を楽にする方向に）操作されがちです。たとえば筆者はメトリックスとして「テストケースの数」を使わないようにしています。もしテストケースの数をメトリックスにした場合、テスト担当者はただやみくもにテストケースを増やそうとするでしょう。そのテストケースはまったく無意味であるかもしれませんし、コードの10％しかテストしていないかもしれません。1件のバグも見つけられないかもしれません。そう、メトリックスデータがよくても、まったく品質の向上に寄与しない可能性があるのです。

逆に「バグの数」というのは開発者が真摯に品質の高いコードを書いたか否か

の結果です。バグの発生を減らすことは、簡単なズルでは実現できません。

● 品質を十分代表するものを選ぶ

読者の皆さんは、米国のプロバスケットボールの非常に個性的な選手として知られるデニス・ロッドマンを覚えていますか？「デニス・ロッドマンはどういう選手だ」と聞かれると、NBAのファンは「暴力的である」「髪の毛が赤い」などと説明したものです[*2]。その説明だけを聞いたら、人は彼をまるでヤクザみたいだと思うに違いありません。しかし、彼の本質は優れたバスケットボール選手です[AOW97]。何を言いたいかというと、ソフトウェアも同じで、表面的なものや断片的なもので評価するのではなく、その本質で評価する必要があるということです。

1つのメトリックス情報というのは氷山の一角でしかありません。ほんの一部分でソフトウェア全体を判断するのではなく、たくさんの細部を集めて氷山全体の大きさを測るようにしなければなりません。木を見て森を見ずにならないよう注意したいものです。

9.2 | バグの数を管理する バグメトリックス

バグの数を管理することは、ソフトウェアテストにとって最も基本的なメトリックスです。

あるプロジェクトのバグの数の推移をまとめたグラフ（**図9-1**）を見ると、開発の後期になるにしたがって、グラフの角度がなだらかになっています。このように、製品の出荷はバグの発見数が少なくなってから行われることになります。

[*2] ちょっと古い人なので知らない人も多いと思い、たとえを別の人にしようと思いましたが、いい人が浮かばず（最近のスポーツ選手はまじめになったのですね）。ちゃんとしたメトリックスカンファレンスで話されていたことなので、そのまま残しました。

ただし、昨今はこのメトリックスはあまり使わないようにと言及する機会が多いです。世界中で「バググラフが寝たから、そろそろ出荷しても問題ないだろう」「今回はゴンペルツ曲線に合ってるね、やはりわれわれのバグの数の予測は合っているようだから、そろそろ出荷しても構わないでしょう」といった会話によって、わけのわからない出荷判定基準が決まってしまうケースが起こっています。なので、図のようなメトリックスはほんの参考程度、「メトリックスのone of them」として利用しましょう。そしてこのバグの数を測っていくのは、本質的には信頼性の章で述べた信頼度成長曲線と同義です。皆さんは**バグが寝たとか言わずに「MTBFがどれくらいになった」と言いましょう！**（ちょっとMTBFの概念は難しいですが）

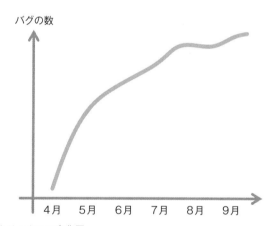

図9-1：バグメトリックスの変化図

しかし、まれにバグの数が減らない場合があります。たとえばGUIアプリケーションを開発している際に、開発の最後の段階でオンラインヘルプやユーザーインターフェイスのチェックをすることがあります。その際、文字が少し欠けているとか、オンラインヘルプの文章がおかしいといった問題が断続的に出てきます。そういったプロジェクトの場合、**図9-2**のように開発後期になってもグラフの角度は急なままです。

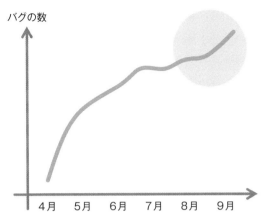

図9-2：プロジェクトの後期になってもバグが減らない場合

　一般的にテストが終わりに近づくと、重要度の高いバグ（ハングアップやフリーズ）の数は少なくなります（**図9-3**の「重要度1」）。たとえバグの数が減っていなくても、重要度の高いバグが減っていれば品質が安定してきていると判断できます。もちろん見つかるバグのうち、重要度の高いバグの比率が高いようなら製品の出荷はできません。

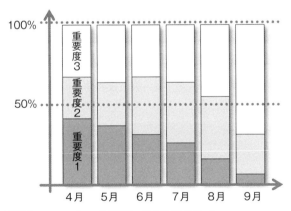

図9-3：バグの重要度メトリックス（重要度1が危険度が高い）

　このように、単純にバグの総数ではなく重要度の高いバグの発見数を用いて、ソフトウェアの品質を見極めることもできます。このメトリックスを使えば、ソ

フトウェアを出荷するか否かの判定を正しく行うことができます。たとえばバグの総数が減っていないからといって出荷時期を延期するようなことはなくなるでしょう。

メトリックスというのは、単に数字だけを取り上げて判断するのではなく、その数字の性質をよく知ったうえで利用するべきなのです。

9.2.1 バグの修正にかかる時間

バグメトリックスのもう1つの例は「バグの修正にどのくらい時間がかかるか」というものです。一般的なプロジェクトでは、開発の初期段階で新しい機能の追加や、設計の変更などがあるため、バグ修正以外の作業に時間が取られます。

その後、だんだん製品の仕様が固まるとともに新機能の追加が終了し、開発者のバグ修正時間が増えていき、バグ1個当たりの修正時間が短くなってきます。

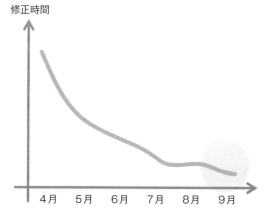

図9-4：平均バグ修正時間メトリックス 1

しかし、出荷間際になってもバグの修正時間が短くならない場合があります（図9-5）。こういう場合は**要注意**です。いくつかの理由が考えられますが、代表的なものとして、出荷間際にもかかわらず新たな機能を追加している、もしくは**バグの修正が非常に困難になっている**ことなどが挙げられます。

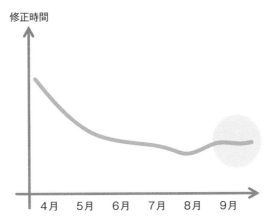

図9-5：平均バグ修正時間メトリックス 2

　修正困難なバグとはどういうバグでしょうか？ それは「テストで見つけられ
にくいバグ」と等価です。マルチスレッドでのデータ共有がうまくいかないバグ
や、ループの特定の条件だけで起こるバグ、アーキテクチャ設計自体に問題があ
る場合、など。特にアーキテクチャ設計に問題があると、1箇所バグを直すとシ
ステムが全然動かなくなってしまうとか、1個のバグ修正のために多数のコード
をいじらなければならない事態を招きやすくなります。

　開発者はそんなときはこう思っています。「設計がまずかった！ とりあえずな
んとかごまかして出荷して、その後設計をやり直さなくては……。でもそんなこ
とテストチームやマネージャーに報告したら殺されるな。もうバグは出ないでく
れ！」と。

　しかし願いはだいたい通じません。こういった場合、バグが収束したと思って
出荷しても、市場において多くの致命的なバグが発生します。

9.2.2　モジュールで見つかるバグ

　モジュールもしくはコンポーネントごとのバグの数を見るのも有効です。この
メトリックスは科学的見地からの分析という側面は弱いのですが、面白い結果を
得ることができます。

　図9-6は、コード100行当たりの各モジュールのバグの数です。モジュール3

のバグの総数が多いため、ぱっと見ると「そうかモジュール3のコードの品質は悪いのか」と判断されるでしょう。

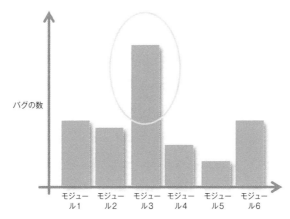

図9-6：モジュールごとのバグの数

　しかし、残念ながらそのようにシンプルに結論を出せる場合はそう多くありません。よくよくその理由を分析してから判断するようにしたいものです。ひょっとしたら、そのモジュール3のテストチームが非常に優秀で、ほかのチームよりバグを見つける能力が高い結果かもしれません。もしくは開発者がちゃんとしていて、ユニットテストで発見されたバグを正直に申告しているせいかもしれません。実際、モジュール3の品質が一番高いこともあるでしょう。

　しかし、本当にモジュール3の品質が低い場合は非常に危険です。ソフトウェアの品質はすべてのモジュールの平均ではなく、最も低い品質のモジュールにシステム全体が引っ張られる形になります。たとえば100個モジュールがある場合、99個が素晴らしい品質のコンポーネントでも**1個のコンポーネントの品質が低ければ、ソフトウェア全体の品質は悪い**ということになるので注意しなければなりません。もしプロジェクトでリスク管理をしている場合は、この問題はリスク管理要件でもあります。モジュールの開発者たちの成果物をチェックするなりして、リスクとして対処すべきでしょう。

9.3 | コード行数からわかる意外な事実
—ソースコードメトリックス—

コード行数（LOC：Line of Code）を測るのは、個人的には結構好きです。これによって何がわかるというわけではありませんが、開発チームの健全性が見えることもあるのです。

たとえば、今まさに出荷しようとしているのにコードを数千行も追加するチームがあったら、思わず首をかしげたくなりますよね？ 逆にテストチームから見て何も問題がないと思っているプロジェクトなのに、急にコード行数が減ったりすることもあります。そのような特別な動きがあるときは何か負の要因が潜んでいる場合が多いので、原因を調査するべき判断材料になり得ます。

9.3.1 コード行数とバグ密度

コード行数からバグ密度を計測し、プロジェクトのメトリックスに使うことができますが、筆者はバグ密度については非常に懐疑的です。なぜなら見つけられるバグは有限であり、存在するバグは無限だからです。実際のバグ密度の式は以下のようになります。KNCSSとは "Kilo Non-Comment Source Statements" の略で「コメント文を除くソースコードの命令数」という意味です。

バグ密度＝バグの数 / KNCSS

これは理論的には次のように書き換えることができるでしょう。

バグ密度＝（バグの数＝無限大）/ KNCSS

これは高校レベルの数学を利用した簡単なものですが、バグ密度は（無限大÷有限）＝無限になり、意味のないものになります。そう、すべてのバグを見つけることは不可能なので、バグの数は無限大であるといえます[MYE80]。

　とはいえ、この事実を十分理解して利用すれば、バグ密度も価値のあるメトリックスになるでしょう。ちなみに一般的な値はどのくらいかというと、これまた見解が分かれています。あるレポート[FEN97]では米国のソフトウェアは1000行当たり4.44のバグがあり、日本のソフトウェアは1.96しかないと報告されています（ほんとかいな？）。まあ、よいソフトウェアというのは2以下らしいです[*3]。

9.4 複雑なコードほどバグが出やすい
―複雑度のメトリックス―

　ソフトウェアテストでは複雑度が高ければ高いほどリスクが高いとされています。次の**表9-1**はカーネギーメロン大学のSEI（The Software Engineering Institute）のWebページで公開されているものです。相当ろくでもないプログラムでなければ、複雑度が50を超えることはありません（筆者はそんなろくでなしのプログラムを今まで数回しか見たことがありません）。20は結構超えます。この複雑度を発明した人は10以上の数値が出たときには注意が必要としていますが、筆者は初めてのプロジェクトなら20以上の場合のみツールが警告を表示するようにしています。10の設定だと結構な数の警告が表示されてしまい、本当に危険な20以上の問題がその影に隠れてしまうのが怖いからです。

サイクロマチック （Cyclomatic）複雑度	リスク評価
01～10	シンプルなプログラム（リスクは少ない）
11～20	より複雑である、まあまあリスクが発生するかも
21～50	複雑、高いリスクを有する
50以上	テスト不可能（著しく高いリスク）

http://www.sei.cmu.edu/str/descriptions/cyclomatic_body.html

表9-1：複雑度とリスク表

---

*3　ほかにもいくつかそういったレポートがあるので、きっと日本のソフトウェア品質はよいと思われます[CUS04]。

図9-7はHP社が公開しているデータ[GRA93]です。X軸がモジュールで、Y軸が複雑度とバグの数です。やはり傾向としては複雑度が高いほど出荷後に見つかるバグの数が多いようです。

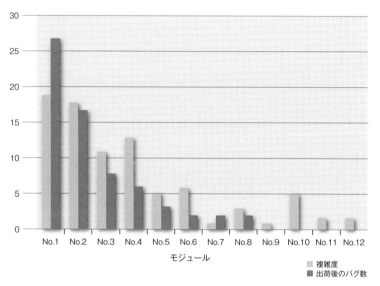

図9-7：HP社の複雑度と出荷後のバグの相関関係図

Column コードの複雑度

複雑なコードはバグを生みます。プログラミングの経験がある人はたぶん直感的にわかるはずです。ループが三重になっていて、その中にswitch文が3つあり、最後はgotoでそのループから抜けるコードなんてバグだらけに決まってます。逆に非常にシンプルなコードはバグが出にくいのです。

この事実を利用してコードの複雑度を測り、コードの品質を測る手法があります。

コードの複雑性を見る方法としては、McCabeが提唱するサイクロマチック数、Chenの最大交差数、Woodwardらのノット数などがあります[SHI93]。

筆者のお勧めはMcCabeのサイクロマチック数です。なぜお勧めかというと一番有名だし、ツールが簡単に購入できるからです（しょせんエンジニアは手法の素晴らしさで選ぶより、使いやすさを選んだほうがよいのですから）。

さて、そのサイクロマチック数というのはどんなものかというと「プログラムの制御の流れを有向グラフで表現して、そのグラフの持つ性質にもとづいてプログラムの複雑性を表す指標」です。ツールは関数ごとにサイクロマチック数というものを出します。この数値が大きければコードが複雑で、小さければシンプルです。たとえばサイクロマチック数が30を超えるとバグの修正がかなり困難になり、修正したと思っても完全に修正しきれなかったり、ほかにバグを生んだりする可能性があります。これを図式化すると次のようになります。

　　サイクロマチック数が大きい＝バグを生む関数
　　サイクロマチック数が小さい＝バグのない関数

一応ちゃんとした式も説明しておくと、
　　C（複雑度）＝e - n + 2
　　e：プログラムに含まれるルートの数
　　n：プログラムに含まれる分岐点の数
となります。1つだけプログラムを使って例を示してみましょう。

```
func1( )
{
  if(i > 0)
  {
    switch(n)
    {
      case 0:
        //do something
      case 1:
        //do something
      case 3:
        //do something
```

```
        default:
          //do something
      }
    }
    else
      printf("Hello !");
```

このプログラムをノードとルートを使って表すと次の図のようになります。

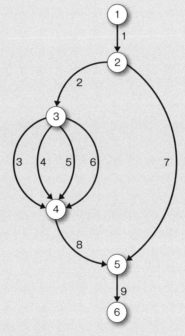

図：ルートとノードで表したフローチャート

先ほどの式を使って複雑度を計算してみましょう。

$$C（複雑度）= e - n + 2 = 9 - 6 + 2 = 5$$

したがって、このコードの複雑度は5であるといえます。

9.5 Microsoftはどんなメトリックスを使っているのか
―無駄のないメトリックス選択の例―

　ここではちと古いですがMicrosoftが使っているメトリックスを紹介します
[TIE97]。ご覧になるとわかると思いますが、はっきりいってそれほど大したこと
はしていません。ですから皆さんも、これぐらいはやりましょうね！

<バグのメトリックス>

●時間軸でのバグの発見数

●コンポーネントごとのバグの発見数（バグが多すぎないか、もしくは少なすぎ
　ないか）

<テストのメトリックス>

●コードカバレッジ

●テスト担当者以外のバグの発見数

●テストケースの数、テストの自動化率

<ソースコードのメトリックス>

●追加、削除、変更されたコードの行数

●KLOCs：どのくらいソースコードの行数が増加しているか[*4]

●コードの複雑度（Cyclomatic complexity）のルール

---

*4　ただ単にソースコードの行数計測だけを取っていってもいいのですが、筆者は時間があれ
　ば純増数を取っています。たとえばその週にどのくらい追加して、変更して、削減したか。
　たまにあるのが1000行追加して、1000行削除して、200行変更するようなケースです。
　それって何もやってないやん！みたいな事態に陥ることも結構あります。ソニーにいた
　頃、ある本部長から「すべてのソフトウェアをその基準で計測しろ！」という号令が出た
　ことがあります。生産性を正確に測るためです。その本部長はすごく正しいことをしてい
　たのです。

<ソフトウェアの信頼性メトリックス>

● 実際の顧客が最も使うと思われるオペレーション*5 をした際のMTBF（Mean Time Between Failure）*6

● 信頼性成長曲線

● ストレステストを行った際のMTBF

<ビルドのメトリックス>

● ビルドにかかる時間

● ビルドで見つかった問題

● ビルドが失敗した原因

<スケジュールのメトリックス>

● 当初に立てたスケジュールと実際のズレ

9.6 | 汝、人を謀る（測る）なかれ
―メトリックスの間違った使い方―

　メトリックスを使用するうえで気をつけなければならないことがあります。**それは、人の能力や個人の仕事の結果を測ってはいけない、という鉄則です** [GRA92]。

　メトリックスは「プロジェクトの健全性及び品質を客観的に知る方法」です。これを人に当てはめるということは「その人間の健全性と品質」を測ることになるため問題があります。「あいつは不健全で、ものすごく品質が悪い」などと言ったら、きっとケンカになりますよね。それではポジティブな意味で評価すればよいのではと思うかもしれませんが「あいつはとっても健全で、品質が高い」と言われてうれしい人が果たしているでしょうか？　つまり、メトリックスの手法で

---

*5　operation Profile[MUS98] と同等のことと想像してください。

*6　論文にはMTTFと書かれていましたが、MTBFの間違いと思われます。

人を評価することは百害あって一利なしなのです。

　このへんの有名な話として、Microsoftのあるプロジェクトの例を紹介しましょう。あるプロジェクトの最高責任者が「バグを1つ見つけた人には特別ボーナスとして10ドルを与える」とプロジェクトチームに発表しました。そして、そのチームで毎月表彰式を行ったところ、ある人が3ヶ月連続トップを取ったそうです。しかし表彰された人物はそのシステムが始まるまでは、大してバグを見つけられるテスト担当者ではなかったそうです。そこでよくよく調べてみると、発見されたバグはある開発者が書いたコードに集中していたことがわかりました。もうおわかりですよね？

　つまり、そのテスト担当者は開発者と手を組んでいたのです。開発者はバグを入れ込み、そしてそのバグをテスト担当者に知らせ、テスト担当者はバグを報告するという素晴らしいプロセスを運用していたようです。もちろんもらった賞金はテスト担当者と開発者とで山分けしていました。こんなことをやられたらプロジェクトの健全性は保てないし、メトリックスも利用できません。

　この章ではメトリックスについて、品質に関わるものだけ、かつ役に立ちそうなものだけを列挙しました。実際にプロジェクト運営をする場合は、プロジェクトマネジメントに対するメトリックスや、開発に対するメトリックスなど、必要なメトリックスが多岐にわたります。必要な場合は参考文献を読んでください。ただ、それらをちゃんと管理するには時間もコストもかかることは認識しておいたほうがよいでしょう。小規模プロジェクトならまだしも、開発者そしてテスト担当者が数十人を超える規模のプロジェクトの場合は、メトリックス専属のエンジニアを置くことをお勧めします。

9.7 | アジャイルメトリックス

　ある調査によると、86%のエンジニアがアジャイル開発では新しいリスクが発生することを危惧しているといいます。またたぶん半分以上のライフサイクルは品質に関わるものではないかという報告もあります[EBE21]。筆者は品質の人間なので、アジャイルにおけるスピード向上や変更に対するフレキシビリティメリットは理解しますが、品質が一定部分低下すること、もしくは品質コストが上昇[*7]することを許容してのアジャイル開発だと思っています。世の中メリットだけは享受できない、そうですよね？

　と考えると、アジャイル開発ではウォーターフォールモデルよりさらに注意深く、そしてある程度の量の品質メトリックスを取ることは理にかなっているわけです。

　アジャイルメトリックスという用語を使っていいのか悩むところですが、アジャイルに特化したメトリックスがある程度は存在すると考え、アジャイルメトリックスという用語を使い、そのアジャイルに特化した品質特性の計測を紹介しておきます。

　まずアジャイル開発の12の原則を見てみましょう[AGI00]。

- 顧客満足を最優先し、価値のあるソフトウェアを早く継続的に提供します
- 要求の変更はたとえ開発の後期であっても歓迎します。変化を味方につけることによって、お客様の競争力を引き上げます
- 動くソフトウェアを、2-3週間から2-3ヶ月というできるだけ短い時間間隔でリリースします
- ビジネス側の人と開発者は、プロジェクトを通して日々一緒に働かなければなりません

[*7]　アジャイル開発の場合テストケースが2.3倍増えたという報告もあります[HON20]。

- 意欲に満ちた人々を集めてプロジェクトを構成します。環境と支援を与え仕事が無事終わるまで彼らを信頼します
- 情報を伝える最も効率的で効果的な方法はフェイス・トゥ・フェイスで話をすることです
- 動くソフトウェアこそが進捗の最も重要な尺度です
- アジャイル・プロセスは持続可能な開発を促進します。一定のペースを継続的に維持できるようにしなければなりません
- 技術的卓越性と優れた設計に対する不断の注意が機敏さを高めます
- シンプルさ（ムダなく作れる量を最大限にすること）が本質です
- 最良のアーキテクチャ・要求・設計は、自己組織的なチームから生み出されます
- チームがもっと効率を高めることができるかを定期的に振り返り、それに基づいて自分たちのやり方を最適に調整します

この中で品質メトリックスに関連するものには、以下のようなものが選ばれるような気がします。

- **顧客満足を最優先し、価値のあるソフトウェアを早く継続的に提供します**
- **動くソフトウェアを、2-3週間から2-3ヶ月というできるだけ短い時間間隔でリリースします**
- **動くソフトウェアこそが進捗の最も重要な尺度です**

と考えると、以下のようなメトリックスが使えると考えられます。

- **顧客満足度**
- **バグってもすぐに動くソフトを早く出せる力。テスト完了するための時間も含む。そりゃ顧客は早くもらったほうがうれしい。MTTRなんてその指標としてはいい**

- 保守性（早く継続的に出すためには、コードがぐちゃぐちゃだったりするのはバツ。ぐちゃぐちゃだと変更しても、その変更ばバグる）。最良のアーキテクチャ（技術的負債をためない）を保つ

それでは一つ一つ見ていきましょう。

9.7.1 顧客満足度

顧客満足度を定量化するのは非常に困難です。ウォーターフォール時代ならば、顧客満足度調査票を送って（往々にして返ってきませんが）それで評価することも可能です。

アジャイル開発においては頻繁なリリースが発生し、上記のような顧客満足度という指標を取ることは現実的ではありません。その代わりにいくつかの手法が考えられます。

- iPhone や Android アプリの場合はユーザー評価のランキングが得られる
- コメント欄に辛辣な意見もしくは称賛があればそれを数値化する

といったことも可能です。ただサイレントマジョリティ（物言わぬ多数派）がひょっとしたらいるかもしれません。さらに、やはり製品の善し悪しはリリース後ではなくリリース前に知りたいところです。

未だ研究トピックなので本章では詳細は避けますが、開発期間中での顧客満足度の定量化は筆者の研究グループで行っていますので[YAN23]、成果が出るのはもう少々お待ちを。

9.7.2 MTTR（Mean Time To Repair）

MTTRは平均修復時間です。要は顧客が自分の遭遇した**バグが自分の不利益になっても、それがすぐ修正されればそんなに怒らないであろう**という想定でのメトリックスです。バグってから正常に戻すのにかかる

平均時間になります。

　MTTRを筆者は独自に以下のように定義しています。

　　　Ｃ：ユーザーからのバグ修正リクエストが開発チームに到達するまでの時間

　　　Ｆ：開発チームが修正にかかる時間

　　　Ｔ：その修正のテストの時間

　　　Ｐ：修正の成功確率

として、以下のようにまとめられます。

$$MTTR = C + (F + T) \times P$$

　開発チームが修正にかかる時間や、ユーザーのリクエストが開発チームに反映されるまでの時間は会社によってあまり差がないように思います。ただテストの時間や修正の成功確率は組織によってかなり違うのではないでしょうか？

　先に示したGoogleの自動化ピラミッドも、自動化テストのメインテナンスコ

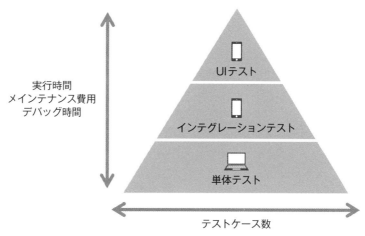

図9-8：Googleの自動化ピラミッド（再掲）

ストの最小化とともに実行速度の最大化にも寄与します[*8]。

9.7.3 Four Keysメトリックス

アジャイルメトリックスを語るうえで、Four Keys[POR20]メトリックスを外すわけにはいきません。品質にはあまり関係ないから！ と言い切って逃げることも可能ですが、実際のところ品質よりもチームの、特に開発者の生産性を図るための意味合いが強いです。

指標	概要
ディプロイの頻度 （Deployment Frequency）	組織による正常な本番環境へのリリースの頻度
変更のリードタイム （Lead Time for Changes）	commitから本番環境稼働までの所要時間
変更障害率 （Change Failure Rate）	本番環境でディプロイが原因の障害が発生する割合（%）
サービス復元時間 （Mean Time to Restore Service）	組織が本番環境での障害から回復するのにかかる時間[*9]

表9-2 Four Keysメトリックス

ただ、以下の3つの点は、本書で扱うべき内容でしょう。

- アジャイルテストにおいてMean Time Between Failureは特に重要だが、Mean Time To Restore Serviceもテストがどれだけ素早くできるかという意味では重要
- 頻繁なディプロイと品質には相関関係がないような気がするが[*10]、なぜかありそうだ[YAN23]と考えるとfour keysのメトリックスの数値を上げることは、品質を上げることに近いはず。あまりエビデンスはないけれど
- Four keysには書いてないが、Googleではちゃんと単体テストも統合テス

[*8] ちょっと専門的になってしまいますが、同じ機能をテストするのでも、Seleniumでテストするより、Junitでテストしたほうが断然早いですよね！

[*9] Mean time to Repairと言うこともできます。

[*10] 少なくとも負の相関はありません[FOR22]。

トもシステムテストもすべて自動化されている。たまにfour keysを使ってます! という組織もあるけれど、結構単体テストも統合テストも自動化されておらず、それをCI/CDのラインに乗せずにfour keysを測っている。それは正直無意味だからやめたほうがいい

9.7.4 結論

　本章はずいぶん書き散らかしてしまった……。筆者としては現代のアジャイルソフトウェアのトレンドを網羅したいという親切心からなのですが、あまり効果はなかったかもしれません。まあそれだけアジャイルのメトリックスが発展途上だ、ということもできなくもないかな。

　最後に少し実際の企業でのメトリックスを見ていきましょう、下記はSamsungのアジャイルメトリックスダッシュボードです[EBE22]。

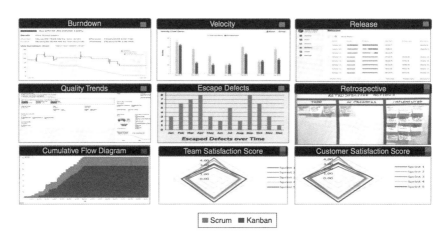

図9-9：SamsungでのAgileメトリックスダッシュボード

　まあそんなに変わったことはやっていませんね。個人的にはこのダッシュボードにMTTFとMTTRを追加すれば、まあ80点かなとも思います。

　MTTRを筆者がなぜ重要視しているかというと、システムは複雑になってきており（何十年前から研究者は同じこと言ってるけどw）、マイクロサービス化やクラウド（基本的にはいつ落ちてもいいように設計するのがクラウドソフト

ウェアだと思う) 化されたことで、MTTRの重要性は高まっていると考えられるからです。

　ただ、これは個人のもしくはある特定の製品に適用可能なアイディアのはずで、メトリックスの本質は「いったい自分たちがどういうソフトウェアを出したいかを決めること」であり、「それを達成するのにどういったメトリックスをいくつ持つかが大事だ」と、多くの書籍で語られている事実を記してこの章を締めることにします [VOA17]。

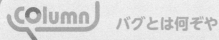

バグとは何ぞや

ここまで本書ではバグについて多く語ってきました。
バグとは何でしょうか?　もちろん定義はあります。ただ重箱の隅を突くような説明なので、あまり説明してきませんでしたが。
一応ここで説明をしたいと思います。読者が品質の専門家になろうとして、バグやらエラーなりの定義の説明ができないというのも問題なので。
本書では、「バグ」と一括りで述べていますが、組織によって、不具合管理や障害管理、インシデント管理など、いろいろな呼び方があります。別にどう呼ぼうと、そこにいる人たちが納得していれば問題ないのですが、そこには4つの意味が隠されていることを理解しておいたほうがいいでしょう。IEEE[IEE90] の用語定義に従って4つの違いを説明すると下記のようになります。

●Error:期待する結果と実際の現象が違うこと
ヒューマンエラー (Human Error) が典型的な現象になる。たとえばテストの期待結果では5になるはずだが、テストしたら6になったというようなケースである。
この場合、開発者がヒューマンエラーによって間違ったコードを埋め込んで6になるケース (当然Failureになる)、テスト担当者のヒューマンエラーにより間違いを (Mistake) 起こすケースがある (Failureにならない)。

● **Failure：問題になる現象**

実際に問題となって現れるもの。テストで見つけられなかったFailureが市場クレームとなる。

● **Fault：問題になる現象の発生元（対象としてはコードやプログラム）**

当然、間違ったプログラムを書いても問題（Failure）にならない可能性もある。

● **Mistake：間違えた根本の原因（開発者の勘違いや間違い）**

実装前にバグを作りこまないためにはMistakeをさせないようにする。

IEEEの用語に従わなくてもいいと思いますが、用語を使い分けるときには、上記の4つのどの意味を指しているのか、意識をそろえておかないと話が通じないこともあるので注意しましょう（下図）。

図：バグに隠されている4つの意味の関係[11]

---

*11　厳密に言えばIEEE 729を忠実に再現していません。再現させるととんでもないぐちゃぐちゃの図になるからです。実際のテストマネージャーはこの程度の理解で十分だと筆者は考えます（実際筆者も完全な定義を理解したのはこの項を書いた際です）。

10章

新しいテスト技術

本章は第3版で新たに追加した章です。2020年代に入り、AIがどんどんソフトウェアの機能の中に入ってきています。今後その流れのスピードは増すことはあるかもしれませんが、減速することはないと思われます。

10.1 AIをとりまくテスト

ここからはAIをどうテストするかについて紹介していきます。基本的に、AI[*1]のテストは普通のソフトウェアテストとまったく同じです。

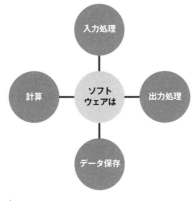

図10-1：AIテストの考え方1

上記の図は第3章の再掲です。結局、入力があって、出力があって計算処理がAIで、それが複雑でわけがわからなくなるだけの問題です。一般的に普通のソフトウェアの入力と出力の関係は、人間の脳みそで想像できるぐらいシンプルな関係性です。しかし、AIになると何が出てくるかわからなく、ときには人間の想像を超えるものが出てくることもあるので、それがAIのテストの難しさだったりします。

---

*1　AIとML（Machine Learning）の間には定義や違いがありますが、本書では広義には同じと扱いMLもAIと表現しています。

　AIテストでは、「入力処理をどうするか」と「出力処理（オラクル[BAR15]をど
う定義するか）をどうするか」という2つの大きな課題に取り組まなければなり
ません。本章では**図10-1**を簡易化して、**図10-2**のような図で説明します。

図10-2：AIテストの考え方2

　まあ計算処理のところもコード網羅だけではだめなので、ニューロン網羅みた
いな概念を入れなきゃならないのですが……。さあ、ひとまず網羅は置いておい
て、わけのわからない一例を示します。

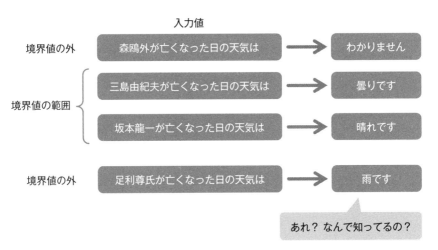

図10-3：境界値使えない問題

上記はスマートスピーカーの例です。

```
入力値 = まあ何でもいい
計算処理 = 何かよくわからん計算、
          少なくとも a = bxレベルの簡単なものではない
出力値 = 何が出てくるかわからん
```

たとえば、

```
入力値 = 「今日の天気は」
出力値 = 「晴れです」
```

みたいな感じだと、気象庁のサイトを見て、今日は晴れだからテストケース成功だな、とシンプルにテストできます。

```
入力値 = 「三島由紀夫の亡くなった日の天気は？」
出力値 = 「曇りです」
```

おー、こりゃすごいスマートスピーカーだ！

> 入力値 ＝ 「1970年11月25日の天気は？」
> 出力値 ＝ 「わかりません」

　うむ……三島由紀夫は1970年11月26日に亡くなっているのに……こういうケースはテスト成功なのかな？　そしたら、1970年以前の天気はわからないのかな？　さらにテストを進めていきましょう。

> 入力値 ＝ 「1948年6月13日の天気は？」
> 出力値 ＝ 「晴れです」

　ぎゃー、どういうことー。1948年6月13日は川端康成が亡くなった日なのでAIが気を利かせて、どっかのWebから取ってきたのかもしれません……。
　既存の境界値テストの手法が使えないのは理解いただけたでしょうか？

AIテストはテストできないもののテスト

　AIのテストではテストできないものをテストします。「そしたらテストできないじゃん！」という矛盾も含んでいますが……。
　またいい加減な筆者が適当なことを書いてるとお思いになるかもしれませんが、オラクル（特定の出力値）がないもの、もしくはオラクルを生成するのに時間がかかるものはテストできないといってもいい [WEY82] [SEG20] わけです。
　でも仕事ですからねー、どうにかテストする手法として、次にメタモルフィックテストを説明していきます。

10.1.1 メタモルフィックテスト

「メタモルフィックテスト」なんだそれ！ 新しい用語です。残念ながら新しい技術には新しい用語がつきものでして……申し訳ないです。

AI製品のテストで一番問題なのは、答えがないテストであるために既存のテスト手法はあまり適応できないことです。まあ普通は適応できない場合もそれを拡張すればたいていカバーできてしまうのですが、それでも対応できないため、AI特有のテスト手法が必要になってしまいます。

そういう意味ではセキュリティテストも同様です。本来、ランダムテストは非効率で使うべきテスト手法ではないのですが、ハッカーはテスト担当者の叡智なんて大幅に超えた知識・熱量で攻めてくるので、セキュリティテストではランダムテスト（ファジングテスト）を採用せざるを得ない状況になっています。

さて、**メタモルフィックテスト**とはどういうものなのでしょう。これはChenさんが1998年に提唱したテスト手法らしいです [ZHA22] [CHE98]*2。

この手法ではまず、メタモルフィックな関係というのを定義しなきゃいけないみたいです。

$$入力 = x_1, x_2, \cdots\cdots, x_n$$
$$出力 = f(x_1), f(x_2), \cdots\cdots, f(x_n)$$

がある場合、メタモルフィック関係Rを、

$$\mathbb{R}(x_1, x_2, \cdots\cdots, x_n, f(x_1), \cdots\cdots, f(x_n))$$

と書くことができる、と。読者の嫌がる顔が目に浮かぶようです。

中学校で習った $y = ax$ と本質的には同じです。a が定数ではなく、気分によって5になったり、10になったり、はたまた0になったりする面倒くさい輩みたいなものです。メタモルフィックな関係とはその a が常に動くので関係定義が流動的です。

---

*2　メタモルフィックテストはAI以外でもオラクルの生成が難しいテストにも適応できます。

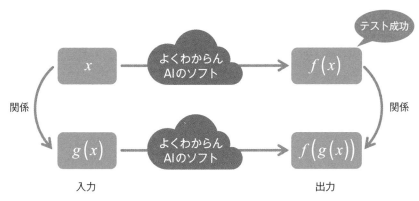

図10-4：メタモルフィックテスト

　もう少し皆さんのために説明すると、「xという入力があり、$f(x)$という出力をした。AIのソフト的には、なんかたぶん合ってそうな結果だな！ それをベースにxの値を少し$g(x)$にずらして、結果が$f(g(x))$になって想像通りなので、テストはよしとしよう！」みたいな……。

　さらにもうちょっと具体例な例で見てみましょう。

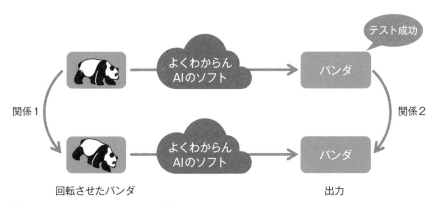

図10-5：メタモルフィックテスト例1

パンダの画像があって、それを回転させます。関係1は、

$$\text{“x” から “(45°回転)(x)”}$$

となり、出力はパンダだね！ああ、安心、みたいな感じになります。

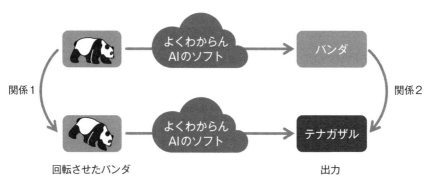

図10-6：メタモルフィックテスト例2

　しかし、画像を45°回転させると、なんとAIがこれはテナガザルと判断する場合があります（なんでテナガザルになるねん！）。

　というふうに、画像を**理路整然**と動かしたりノイズを加えたりして、その期待結果が**論理的に正しいかをチェック**するのがメタモルフィックテストです。これが45°ではなく、反転だったり、色を白からピンクに変えてみたりするテストケースのバリエーションも考えられます。まあ「ピンクのパンダは実際にはいないけどどうするんだろう？ でもカメレオンならあり得るよね」みたいな議論が発生してしまうのもAIテストの面倒くささでもあります。

　メタモルフィックテストの理解は難しいので、もう1つ例を追加してみますね。以下のようなAIソフトがあります。

図10-7：メタモルフィックテストコンセプト

　でも計算処理はよくわからん（当然AI開発者はわかるが、数学苦手なテスト担当者はいくら説明聞いてもわからん状態）、ゆえに出力もよくわからんが、入力と出力の関係はこんなふうになるらしい。

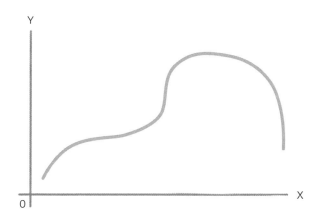

図10-8：メタモルフィックテスト

まあ、いってしまえば、

$$y = f(x)$$

なんだけど、fが複雑すぎない？ AIの人に聞いたら3つのパラメータがある微分方程式だそうで（何のこっちゃ）。テスト担当者はテストしてみるけど、**出力**(y) もよくわからん、**計算** もよくわからん（だって高校のとき数Ⅲ取ってないし）。まあ入力値をいろいろ入れてみましょう。

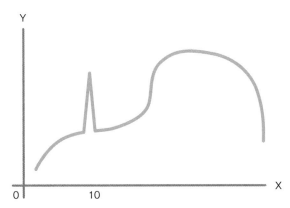

図10-9：メタモルフィックテスト（外れ値がある場合）

0から入れていったら、あちゃ、10を入れたときなんか外れ値になっている、これもメタモルフィックテストなんです。

なぜこうなるかって？ 複雑なプログラムでもバグるけど、複雑な行列計算だとうまく計算できなくてこうなっちゃうこともあります。

最後に、また言いにくいのですがメタモルフィックテストも完璧ではありませんし、定量的な品質指標を提供しにくいテスト手法です。特にミッションクリティカルなソフトウェアでは、このテスト手法は慎重に適応したほうがよいと考えます [SEG20]。ただAIのテスト手法の一番代表的なものなので、これを使うしかないのですが。

10.1.2 経験ベースのテスト

なぜだかわからないが、バグをたくさん見つけられる人がいます。それはその製品に熟知しているからか、はたまたソフトウェア工学の熟練者なのか、はたまたただカンがいいのか。

とにもかくにも、なぜだかうまくバグを見つける人がいます。それを理由立ててエラー推測なり探索的テストという表現をするのかもしれません。またはその暗黙知をチェックリストに展開したテストのやり方もあります。本章では経験ベースのテストという手法を説明したいと思います [IST22] [LEO22]。

探索的テストの基本に関しては、探索的テストの章を参照していただければいいでしょう。AI的な部分の探索的テストはやはりそのAIに精通した人が必要になると考えます。そうなると経験豊かなテスト担当者でかつ、AIの基本的な技術に精通した人であるべきであろう、というわけです。

探索的テストには何らかのガイドラインが必要になります。そうしないと、ただのモンキーテスト[*3]になってしまうからです。AI製品であろうと、入力があり、出力があり、見た目が普通のソフトウェアと変わりないので、そのガイドラインも一般のソフトウェアと同様でよいと思われます。たとえば、AIの製品に対する入力は全部にゼロを入れるようなテストケースは必須だとか、境界値は考慮しろよみたいな考え方はAIにとっても必須です[*4] [HER22]。

AIをどう品質保証するかという論文は膨大にあるのですが、実際にどうすんの？ という情報は実はそれほどありません。以下AIテストのためのGoogleのチェックリストです [ERI17]。

[*3] サルみたいに何も考えずに入力すること。サルには失礼ですが。余談ですが、モンキーには smart monkey と dumb（まぬけな）monkey がいて、smart monkey のほうは、ちょっと工夫して入力したりします。

[*4] Smoke testing for machine learning: simple tests to discover severe bugs という論文には典型的な入力パターンが載っているので役に立つと思います。YouTube（https://www.youtube.com/watch?v=3-BkjtAw6rk）にもわかりやすい解説があります。

データ

- 特徴量[*5]に関する要求をスキーマで把握している。ここで特徴量とスキーマという新しい用語が出てくる。特徴量とは、データにくっついてる属性で、スキーマとはデータがどういうストーリーで結果が得られるかという意味になる。論文の例では男性の身長は1feetから10feet以内とか、英文全部の中で一番出てくる単語は"the"とか1 feetは特徴量で、男性の身長というのがスキーマと解釈できる

- すべての特徴量が有益である

- どの特徴量もコストが高すぎない

- 特徴量は、メタレベルの要件を遵守している

- データパイプラインには適切なプライバシーコントロールが備わっている

- 新しい特徴量を素早く追加できる

- すべての入力の特徴量のためのコードがテストされている

モデル開発

- モデルの要求仕様がレビューされ、それが文章管理システムに保存されている

- オフラインとオンラインのメトリクスが相関している

- すべてのハイパーパラメータがチューニング済みである

- モデルの陳腐化の影響がわかっている

- シンプルなモデルであればよいというわけでは必ずしもない

- 重要なデータスライスにおいて、モデルの品質が十分である

- モデルがプロダクトへの組み込みを考慮してテストされている

インフラ

- トレーニングには再現性がある。AI特有にその機能的なものをちゃんとしたものにする方法にトレーニングがある。当然同じトレーニングをすれば、その機

---

*5 特徴量とは、データに反映されている属性/プロパティのことです。

能は同じものを提供するはずだが……

- モデルは要求仕様[*6]に基づき、単体テストが実施されている。この場合AI自体のコードカバレッジとかミューテーションカバレッジ（ミューテーションカバレッジは後ほど説明）というより、単機能をテストしているかの意味合いが強い
- パイプラインの統合テストが実施されている
- モデルの品質が提供前に検証されている
- モデルはデバッグ可能である
- モデルは提供前にカナリアリリース[*7]されている
- 提供されるモデルはロールバックが可能である

モニタリングテスト

- AI以外のシステムに依存関係がある場合、AIの変更がちゃんと依存関係の関係者に通知される
- 入力に対してデータ不変性が成立している
- 訓練されたデータとユーザーに提供されるデータが同様な機能を示すデータである
- モデルをちゃんとアップデートしているか。たとえば1年前にアップデートしたまま、そのまま放っておいていないですか？
- モデルが数値的に安定している
- コンピューティングパフォーマンスが劣化していない
- 予測品質が劣化していない

---

*6 論文にはspecificationと書いてありますが、本書では用語の統一のため要求仕様と訳します。

*7 カナリアリリースとは、新しいバージョンをリリースする際、はじめは一部の限られたユーザーにのみ提供し、それが問題にならないことを確認したのち、全体に提供するリリースの形式です。かつて、炭坑で働く労働者の間で、炭坑内のガス漏れ事故を防ぐために、人間が炭鉱に入る前にカナリアを入れて異常がないか確かめていた、という話が名前の由来です。皆さんが使っているソフトウェアでも、よくこの手法は使われており、どうしてバージョンアップしたら不安定なの？ と思ったら、自分がカナリアリリースにあたっていた、というようなこともあるかもしれません[ROS17]。

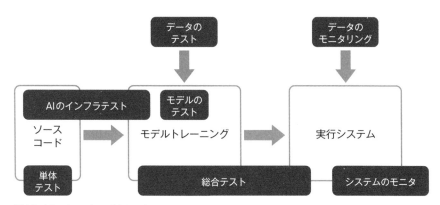

図10-10：GoogleのAIテスト

　ここでモデルというものを再度少し説明しましょう。モデルは**図10-11**でいう「計算」です。

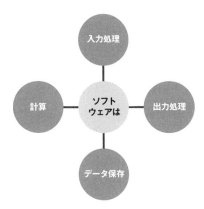

図10-11：モデルのテストの考え方

　一般的にソフトウェアは入力すれば、計算して出力してくれます。2を入れたら、4が出てきて、8を入れたら、16が出てきます。

$$y = 2x$$

　これを見て、テスト担当者なら、ゼロを入れたらyがゼロ、100を入れたら200が出てきて、はいテスト終了みたいな。

　でもAIでは、特に以下のように難しい計算処理の場合は、

$$\frac{\partial u}{\partial t} - a\frac{\partial^2 u}{\partial x^2} = 0$$

……計算の中で何してるかわからん！ このレベルになってくるとプログラムを組んでいるほうもよくわからん、になってきます。

　AIのテストは複雑な計算処理のテストが、さらに複雑怪奇のAI特有の行列計算のテストになっただけです。ただし、その複雑極まりない計算処理があるので、今までと違って計算処理（モデル）をちゃんとテストしましょう。ただ1つのパターンの入力で出力を確認するのではなく、さまざまな計算トラップがあるからそれ外さないようにね！

　実際に上記の偏微分方程式は熱の伝わる式で、熱が板を伝わるときは端っこの伝わり方を考慮する必要があったり（角と端では処理が違うので、角のテストと端のテストをする）、また計算途中の誤差が大きくなってしまったりするので、モデルとしてきちんとテストをする必要はあります。

10.1.3 AIの網羅率

　一般のソフトウェアでは網羅率はかなり有用です。しかしAI製品のコードもしくはAI部分の機能のソースコード網羅はあまり役に立たないのが現実です。一般に、AI処理のソースコードはとても短いので、ちょっと操作しただけでAI部分のソースは網羅されてしまうからです。だからといってAIの機能部分がすべてテストされているかというと、ほとんどテストされてないといっても過言ではない……。

　それではAI特有の網羅テストはないのか？ というと、あることにはあって、それが**ニューロンカバレッジ**と呼ばれる手法です[NAK20]。これはコードカバレッジと同様にAIのテストのカバレッジを測ろうという試みです。

　「試み」と書いたのは、まだ現時点で良し悪しがわかっていないからです。たぶんその結果はあと数年で出ると思いますが、「コードカバレッジほど指標としての強さはないが、指標の1つとして使えると思われる」ぐらいの感触です。さらにいえば、まあまあ問題のあるカバレッジ手法で品質の定量化というより、い

ろんなパターンのテストが効率的にでき（まあ基本ランダム入力なので、それほど効率的ではないのですが）、中には「こんな結果が出るの！」っていうのがあったりするので、効率的でも定量的でもないのですが、有効な手法です。

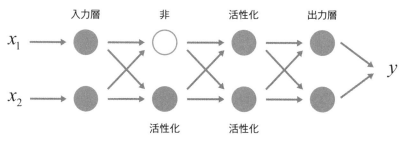

入力層　　　　　　非　　　　　　活性化　　　　　出力層

x_1

y

x_2

活性化　　　　　　活性化

図10-12　ニューロンカバレッジ

　うだうだニューロンカバレッジの文句ばかり並べてしまいましたが、現在AIのソフトウェアのテストには定量的な品質指標が圧倒的に欠如しているので、ニューロンカバレッジがその中でもとても有効的な指標であることには変わりありません。

10.1.4　AIを使ったテスト手法

　AIを使ったテストはまだ発展途上ですが、今後大きく伸びる分野であることは間違いありません。なんせ品質保証の活動はソフトウェア開発全体の活動の数割を占めるので、AIの発展によって数割のコストが削減可能になる日はそう遠くありません。

　逆にいえば皆さんの仕事がAIに奪われないように、より高度なスキルが必要になるでしょう。第一に発展しそうな分野はAIによる単体テストの自動化で、もうすぐ実現されます[SCH23]。

　たとえば以下のようなコードを開発者が書いたとします。

```
function myCalc(a, b){
    var num c;
    if (a == 0 OR b == 999) {
        return;
    }
    c = a / b;
    if (c > 500) {
        console.log("c is over 5");
    }
}
```

自動化のコード生成をAIにお願いしてみると、次のように出力されます。

```
describe('test main', function() {
    it('test main.myCalc', function(done) {
        assert.equal(main.myCalc(0, 999), undefined);
        assert.equal(main.myCalc(2, 3),
0.6666666666666666);
        done();
    })
})
```

非常に惜しい！ でもかなりちゃんと期待値が生成できているではないか！

単体テストはアジャイルの品質担保における中核のテスト手法です。さらに結構お金がかかります。現状のAIによる単体テスト生成でも大きなコスト削減に寄与すると思われるので、大いに活用してほしいですね[8]。

---

[8] 2023年現在、JavaScriptしか対応していないので、今後の言語の拡張が望まれます。

10.2 複雑なシステムのテスト
—テストは無限大—

AIも結局は無限大との戦いですが、現代のシステムもまた複雑怪奇なので無限大だといえます。もう現代のシステムはいちテスト担当者として理解できる範疇をほとんどの部分で超えています。オープンソースを多用し、クラウド[*9]を使うのならなおさら、無限大の作業を有限に落とし込むのもテスト担当者の仕事になりつつあるのではないでしょうか。

10.2.1 カオスエンジニアリング

マルチスレッドはテストが難しいとされてきました。さらにはマイクロサービス全盛の現代では、その困難さはさらに増しています。もうスレッドがいくつなのか、プロセスがいくつなのか、マイクロサービスがいくつなのかも聞く気が起きません。その答えはたいてい**たくさん**だからです。

カオスエンジニアリング[PRI18] [BAS18]という言葉を聞いたことがありますか？簡単にいうと、システムのプロセスやらCPUやら、仮想マシンやらをランダムに止めて、システム全体の系が致命的な状態に陥らないようにシステムを設計する手法です。

---

*9 AWSやAzureのクラウドシステムは、ただ単に場所がオンプレからクラウドに変わっただけでなく、多くのサーバーの汎用ソリューションを提供し、サーバーテスト担当者の技術・知識レベルの高さを要求しています。たとえばAWSが提供するhttps://pages.awscloud.com/rs/112-TZM-766/images/AWS-33_AWS_Summit_Online_2020_STG01.pdf などを読むと、本書で書けなかった多くのサーバーの信頼性技術が必要と述べられています。

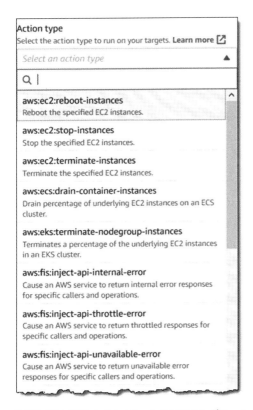

図10-13：AWS上のカオスエンジニアリングツール

　AWS上にはすでにこのカオスエンジニアリングツールは実装されており、割合簡単に実行できます。たとえば上記のようなツールで、asw:ecs:stop-instancesをアクションとして選ぶと、インスタンスを自動的に止めてくれたりします。

　カオスエンジニアリングを説明するときにいつも思うのは、みずほ銀行はこういうことを考えてシステムを構築していたのだろうか？ ということです。ATMが障害を起こしたときに、システム全体が止まらないように。あるいは、ハードディスクが物理的に壊れたときに、システム全体が止まらないように。もしかしたら、そういったカオスな状態でのテストはせずに、ただ古くからの膨大なテストケースを書いて「成功した」「失敗した」と確認するようなシステム開発及びテストをしていたのかもしれない、と筆者は想像してしまいます。

　古くからのシナリオテストは、

> **ユーザー登録シナリオテストケース1**
> ステップ：
> 1. ログインする
> 2. ユーザー登録画面で、ユーザー登録をする
> 3. 登録されたユーザーに対して、xxxをする。
> 4. 登録されたユーザーを削除する
>
> 期待結果： xxxがデータベース上で削除されてないことを確認する

みたいな一連のシナリオを多量にテストします。そして市場バグが出たら、「シナリオテストケースが足りませんね！ もっとテストケース追加しましょう！」みたいな話に陥ります。現代の複雑・肥大で不安定（クラウドやオートスケール）なシステムで、そんなシナリオテストはやっていられません。いかにして無限のシナリオを自動化して、すべてを網羅的にできないにしろ、効率的に網羅的に行っていくかを考えなければなりません。

少し余談になるかもしれませんが、筆者はコンサルした会社に以下のような考えを勧めています。

図10-14：ブラックボックステストの簡易化

統合テストとシステムテストという概念を一緒くたにしませんか？ 単体テストにお金と人員をシフトしたら、統合テストとシステムテストを別々にやっている時間ありませんよね？

膨大なブラックボックステストが存在する中で、その一つ一つを検討し統合テストやシステムテストに割り振るにはあまりにもコストがかかりすぎます。それ

ならば1つか2つのブラックボックステスト手法を選んで、最終工程のテストでやるのはどうでしょうか？ とも提案しています。その最有力候補がカオスエンジニアリングです。

もう少しカオスエンジニアリングについて詳しく説明します。カオスエンジニアリングはNetflixよって考案されたテストとされています。その目的は、

- Engineers should view a collection for services running in production as a single system. （エンジニアがさまざまなサービス実行状況を1つのシングルシステムとして見られる）

- We can better understand this system's behavior by injecting real-world input (for example, transient network failure) and observing what happened at the system boundary. （本当の入力値（異常値）を入れることによりシステムの振る舞いが理解でき、システムの境界で何が起こるかを監視できる）

となっています。すでにすべてのソフトウェアは複雑であり、単一のソフトウェアとして見ることも難しい世の中です。それならばシステムの境界値の入力を入れることにより、システム全体の振る舞いを見ることは非常に重要です。そうです、ある意味これは境界値テストなのです。

10.2.2 ランダムテスト -ランダムとデタラメは違う-

ランダムテストは決して新しいテスト手法ではありません。

サルが100年キーボードを打ち続けると、
シェークスピアが書けるか？

図10-15 サルがキーボードを打ち続けると……[*10]

1990年代のテスト雑誌に「サルが100年キーボードを打ち続けるとシェークスピアレベルのものが書けるか？」という見出しのランダムテストに関する記事を見たことがありました。

ソフトウェアテスト一般に関していえば、ランダムテストやらモンキーテストと呼ばれているものは悪であり、もしそれが正当化されることがあれば、基本的にテストを効率的にやっていない組織がたまたまランダムテストでバグを見つけただけである[BEI90]、と。それは正しいでしょう。

ただ、昨今のテストの環境を鑑みると、あながちランダムテストが悪とは思えなくなってきました。実際、以下のテストはランダムテストの応用です。

● ファジングテスト

● AIのテスト

● 信頼性のテスト

● カオスエンジニアリング

筆者もこれ以外でもランダムテストを使うケースがあります。往々にして「どうやってテストすんの？ このAI機能？」みたいなときが多いです。とはいえ、ランダムテストはある場面では有用であるものの、多くの場面では計画された統計

---

*10 出典：New York Zoological Society, Public domain, ウィキメディア・コモンズ経由で
https://commons.wikimedia.org/wiki/File:Monkey-typing.jpg

的データに裏打ちされたテスト手法のほうが有用だとは思います（探索的テストはどうなの？　というツッコミは置いといて）。

筆者がランダムテストを採用する場合は2つの基準をいつも考えています。

- 既存のテスト手法が当てはまらないとき
- 統計的に何らかの数値化（それが大していい結果でないにしろ）が可能である

10.2.3 ランダムテストのガチの計算

ここから先はあまり読まないでほしいのですが、数学嫌いな人は結構いやかも……読まないもの書くなーと言われそうだけれど……。

ランダムに入力することは、現代の大規模ソフトウェアでは必須の新技術であるカオスエンジニアリングやファジングテストで必要だと書きました。でも、そこで問題なのは「いったいどのくらいやればいいのか？」「1日でいいのか、それとも1年間なのか？」といったことです。誰も教えてくれないし、計算手法もわかりません。

ソニー時代、私はセキュリティテストのトップをやっていたので、やっぱり決めなきゃいけないことがありました。まあその当時ちゃんと計算すればよかったんですが、仕事せずに遊んでばかりいたので計算せずに「ファジングテストは1週間やればいいのです！」と謎の言い切りをしていました（はいごめんなさい）。IPAと仕事をしていたことがあるのですが、そこでは数週間とか数ヶ月単位でファジングをしていました。

まあファジングは一度かけてしまえば、放っておくだけなのでそんなにコストはかかりません。なので商用ソフトは数週間でいいような気がする、というのは自分のいい加減さを正当化しているのかもしれません。IPAはある程度お役所なので、少し時間があるから数ヶ月できた、みたいな感じのガイドラインでしょうか。

それでは、計算に関しても少しガチに説明しましょう。「サルがタイプライターをランダムに打ち続けるとシェークスピアの作品を書けるか」という命題があります。実際にどうかというと、まあ無理っすね！　というのが適切な回答なの

かもしれません。

　たとえばサルが"hamlet"と打ち出す確率は、キーボードのキーの数が50とした場合（はいここは中学生で習いましたよね！）、

$$\frac{1}{50} \times \frac{1}{50} \times \frac{1}{50} \times \frac{1}{50} \times \frac{1}{50} \times \frac{1}{50} = \frac{1}{15625000000}$$

と、156億分の1になりますね。156億回キーボードと叩かないとhamletという単語さえ完成しないことになります。

　そんじゃ、ハムレットの名セリフ、

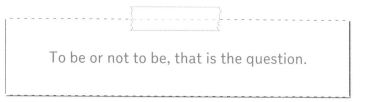

To be or not to be, that is the question.

はどうでしょう。だいたい9千兆回タイプすればいいらしいです。そしたらシェークスピア全部だと……と、つまらない話はそろそろやめろという声が聞こえてきそうなので、テストの話題に戻ります。まあここではサルがタイプライターを打ち続けてもほとんど確実にシェークスピアは書けないでしょう。たぶん途中でサルの寿命がつきると思うし。

　それではテストの世界ではどうでしょう？　ファジング[*11]やカオスエンジニアリング、そしてAIテストにおけるランダム入力はほとんど効用のないものなのでしょうか？　それは現在でもわかりません。ただしランダムに入力するテスト手法が唯一だとしたら、それに頼らざるを得ないのが現代のソフトウェアテストの難しいところなのかもしれませんね[*12]。

---

*11　ファジングはほとんど役に立たないのではという疑問を呈す学者もいますが[HOL20]、筆者の経験からは結構バグが見つかることもありました。

*12　学術面でランダムテストの正当性は完全に否定されているわけではなく、未だ結論が出ていないというのが正しいかもしれません。DuranやHamletによるランダムテストとパーティションテストの論争は、興味深いです[DUR64]。

あとがき

　10年ぶりの改訂となった。多くの記述は10年前も今も必要な記述だと筆者は考えている。この10年間はテストという学問が進化したというより、固定化していった時代だと思う。

　ここでテストの歴史を少しだけ解説していこう（そんな歴史興味ないや！という人は本を閉じていただければ）。

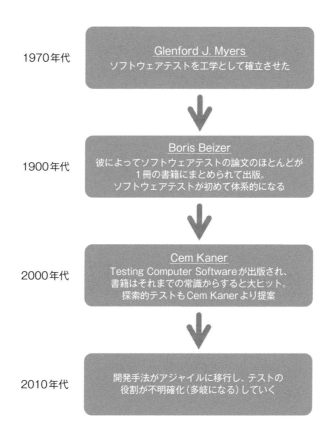

1970年代	**Glenford J. Myers** ソフトウェアテストを工学として確立させた
1900年代	**Boris Beizer** 彼によってソフトウェアテストの論文のほとんどが1冊の書籍にまとめられて出版。ソフトウェアテストが初めて体系的になる
2000年代	**Cem Kaner** Testing Computer Softwareが出版され、書籍はそれまでの常識からすると大ヒット。探索的テストもCem Kanerより提案
2010年代	開発手法がアジャイルに移行し、テストの役割が不明確化（多岐になる）していく

　Grenford J Myersの『ソフトウェア・テストの技法』が初めて出版されたのが1970年だ。誰もテストに興味なんかなくて、筆者がこの本を手に取ったのは上司から「テストしといてね！ 自分の書いたコードは」と言われて、当時の埼玉県

の最大の書店にテストの本を買いにいったのがきっかけ。そこには2冊しか本がなく、その1つがこの本だったのを明確に覚えている。

その後Boris Beizerが『ソフトウェアテスト技法』という本を出した。その当時でもまだソフトウェアテストの書籍は少なく、勉強するにはこれが唯一無二の書籍だった。内容は難解で、独学でこの本を理解するのははっきりいってムリだった。筆者が米国の大学院でソフトウェアテストを学び直そうと決断したのも、この書籍が理解できなかったことが大きい。この書籍でようやく、境界値やドメインといった技術が明確化された。

Boris Beizerの書籍が難解だったので、それほど世界でたくさん売れたとも思えない。そこでCem Kanerの初心者にもわかりやすい『Testing Computer Software』が出版された。この書籍を初めて読んだときは、100%内容を理解できたうれしさがあった。余談ではあるが著者のDr. KanerもHungはもちろん知らなかったが、Dr. Kanerは大学院で筆者の修士論文の指導教官になり、Hungは彼の設立したLogiGearという会社で筆者の上司になったのは巡り合いというしかない。この書籍やDr. Kanerが考案した探索的テスト手法はソフトウェアテストが科学的見地がなくとも実践できるということを示してくれた。

2000年代にソフトウェアテスト技術はほとんど出尽くしていて、現代はその技術を新しいコンピューティングにどう適応していくかの時代である。

そういう意味で、今回の改訂でより多くのソフトウェアテストの範囲を網羅した。しかし構成がより複雑怪奇になり、読みにくくなったのは筆者の筆の力のなさである。

かといって筆が早いかというと遅く、そのため常に機嫌の悪い筆者の迷惑をいつも被り続ける家族には陳謝と感謝の念しかない。

また本書は益子の里山の山小屋で多くの記述を行った。当然電気も水道の設備もままならない不便な場所で、その生活をいろいろ手伝っていただいた木村先生、小泉さんにも感謝したい。

情報工学博士　高橋　寿一

2023年長月の頃

著者略歴

　情報工学博士。1964年東京生まれ。フロリダ工科大学大学院にてCem Kaner博士（探索的テストの考案者）、James Whittaker博士（『テストから見えてくるグーグルのソフトウェア開発』の著者）にソフトウェアテストの指導を受けた後、広島市立大学にてソフトウェアテストの自動化の研究により博士号取得。米Microsoft社・独SAP社でソフトウェアテスト業務に従事後、ソニー（株）でDistinguished Engineer及び品質担当部長。退職後、現在はマネーフォワードCQO（Chief Quality Officer）・AGEST Inc.取締役・コンサルタントなど多く実業でもソフトウェアテストに従事する。

　そのほかの著書

- ●『ソフトウェア品質を高める開発者テスト』翔泳社
- ●『現場の仕事がバリバリ進むソフトウェアテスト手法』技術評論社

参考文献

参考文献はなるべく以下の3つの引用元をベースにし、基本Webページからの引用はなるべく避けた（やっぱいい加減なのが多いので）。

- IEEE Software
- IEEE Transaction of Software Engineering
- 実在する書籍（Kindle版のみではなく紙で出ている）

[ABE20]   安倍ひろき. ホワイトハッカー入門. インプレス, 2020.

[AGI01]   アジャイル開発12の原則. https://agilemanifesto.org/, 2001.

[AIS23]   AIシステム開発におけるQA. https://speakerdeck.com/mineo_matsuya/qa-in-ai-system-development, 2023.

[ANT18]   Vard Antiyan, Jesper Derehag, Anna Sanberg, and Miroslaw Staron. Mythical Unit Test Coverage. IEEE Software, May/June 2018.

[AOW97]   Annual Oregon Workshop Software Metricsにおいてパネルでの意見. 1997.

[BAA00]   Rob Baarda. Risk Based Test Strategy. International Quality Week, 2000.

[BAB12]   Raja Babani. Distributed Agile, Agile Testing, and Technical Debt. IEEE Software, November/December 2012.

[BAC99]   James Bach. General Functionality and Stability Test Procedure. 1999.

[BAL11]   Thomas Ball and Madanlal Musuvathi, and Shaz Qadeer. Predictable and Progressive Testingof Multithreaded Code. IEEE Software, 2011.

[BAR15]   Earl T. Barr, Mark Harman, Phil McMinn, Muzammil Shahbaz, Shin Yoo. The Oracle Problem in Software Testing: A Survey. IEEE Transactions on Software Engineering, May 2015.

[BAS14]   Alfred Basta, Nadine Basta, and Mary Brown. Computer Security and Penetration Testing. Cengate Learning, 2014.

翻訳はありませんが、ペネトレーションテストについて詳細な記述があります。

[BAS18]   Ali Basiri, Niosha Behnam, Rund de Rooij, Lorin Hochstein, Luke Kosewski, Justin Reynolds, and Casey Rosenthal. Chaos Engineering. IEEE Software, May/June 2016.

[BEC01]   Kent Beck. XPエクストリーム・プログラミング入門（長瀬嘉秀, 飯塚麻理香, 永田渉 訳）. ピアソン, 2001.

[BEI90]   Boris Beizer. ソフトウェアテスト技法（小野間彰, 山浦恒央 訳）. 日経BP出版セン
         ター, 1990.

         1990年代の代表的な書籍です。難解ですが読むに値する書籍です。

[BEI98]   Boris Beizer. Quality Week Tutorial, 1998.

[BIN99]   Robert V. Binder. Testing Object-Oriented Systems: Models, Patterns, and Tools.
         Addison Wesley, 1999.

[BLO94]   Arthur Bloch. マーフィーの法則（倉骨彰 訳）. アスキー出版局, 1994.

[BOH21]   Marcel Bohme, Cristian Cadar, Abhik Roychoudhury. Fuzzing: Challenges and
         Reflections. IEEE Software, May/June 2021.

[BOE01]   Boehm, Barry, and Basil, Victor. Software Defect Reduction Top 10 List. IEEE
         Computer, January 2001.

         数ページの短い論文ですが、非常に含蓄のある言葉が含まれています。

[BUS12]   Frank Buschmann, David Ameller, Claudia Ayala, Jordi Cabot, and Xavier Franch.
         Architecture Quality Revisited. IEEE Software, July/August 2012.

[BUS96]   Frank Buschmann, Regine Meunier, Hans Rohnert, Peter Sommerlad, Michael Stal.
         Pattern-Oriented Software Architecture, A System of Patterns. John Wiley & Sons,
         1996.

[CHE98]   T.Y. Chen, S.C. Cheung, S.M. Yiu. Metamorphic testing: A new approach for
         generating next test cases. Techni'cal Report HKUST-CS98-01, Department of
         Computer Science, The Hong Kong University of Science and Technology, 1998.

[CRA02]   Rick D. Craig and Stefan P. Jaskiel. Systematic Software Testing. Artech House
         Publishers, 2002.

[CUS04]   Michael Cusumano. ソフトウェア企業の競争戦略（サイコムインターナショナル
         訳）. ダイヤモンド社, 2004.

[DEM01]   Tom DeMarcoとの個人的な会話. 2001.

[DOR08]   Dorothy Graham, Eric Van Veenedaal, Isabel Evans, Rex Black. ソフトウェアテスト
         の基礎（秋山浩一, 池田暁, 後藤和之, 永田敦, 本田和幸, 湯本剛 訳）. センゲージ
         ラーニング, 2008.

[DRO04]   Jerry Drobka, David Noftz, and Rekha Raghu. Piloting XP on Four Mission-Critical
         Projects. IEEE Software, November/December 2004.

[DUR84]   Duran, J. and Ntafos, S. An Evaluation of Random Testing. IEEE Transactions on
         Software Engineering, volume 10, number 4, Jul 1984.

[EBE21]   Christof Ebert and Ruschell Ray. Test-Driven Requirements Engineering. IEEE
         Software, January/February 2021.

[EBE22]   Christof Ebert and Puneet Avasthi. Technologies for Agile Teamsm. IEEE Software,
         Seotember/October, 2022.

[ERI17]   Breck, Eric, Shanqing Cai, Eric Nielsen, Michael Salib, and D. Sculley. The ML Test Score:A Rubric for ML Production Readiness and Technical Debt Reduction. IEEE International Conference on Big Data (Big Data), 2017,

[FEN97]   Norman E. Fenton, Shari Lawrence Pfleeger. Software Metrics. An International Thomson Publishing Company, 1997.

[FOR22]   Nicole Forsgen, Jez Hubble, Green Kim. LeanとDevOpsの科学（武舎広幸, 武舎るみ 訳）. インプレス, 2018.

[GAM99]   Erich Gamma, Richard Helm, Ralph Johnson, John Vlissides. オブジェクト指向における再利用のためのデザインパターン（本位田真一, 吉田和樹 訳）. SBクリエイティブ, 1999.

[GLA03]   Robert L. Glass. Facts and Fallacies of Software Engineering. Addison-Wesley, 2003.

[GOO20]   Google Testing Blog. Code Coverage Best Practices. https://testing.googleblog.com/2020/08/code-coverage-best-practices.html, 2020.

[GRA12]   Dorothy Graham and Mark Fewster. Experiences of Test Automation. Addison-Wesley, 2012.

[GRA92]   Robert B. Grady. Practical Software Metrics for Project management and Process Improvement. Hewlett-Packard Professional Books, 1992.

[GRA93]   Robert B. Grady. Practical Results from Measuring Software Quality. Communication of the ACM, November 1993.

[GRA99]   Grady Robert B. An Economic Release Decision Model: Insights into Software Project management. In proceedings of the Applications of Software Measurement Conference, 1999.

[GRI22]   Anastasia Griva, Stephen Byrne, Denis Dennehy, Kieran Conboy. Software Requirements Quality: Using Analytics to Challenge Assumptions at Intel. IEEE Software, March/April 2022.

[GUE14]   Eduardo Guerra. Designing a Framework with Test-Driven Development: A Journey. IEEE Software, January/February 2014.

[HER22]   Steffen Herbold and Tobias Haar. Smoke testing for machine learning: simple tests to discover severe bugs. Empirical Software Engineering, volume 27, Article number 45, 2022.

[HOL20]   Gerad J. Holzmann. Test Fatigue. IEEE Software, July/August, 2020.

[HON20]   誉田直美. 品質重視のアジャイル開発. 日科技連出版, 2020.

[HOW02]   Michael Howard and David LeBlanc. プログラマのためのセキュリティ対策テクニック（ドキュメントシステム 訳）. 日経BPソフトプレス, 2002.

[HSU19]   Tony Hsiang-Chih Hsu, Packt. Practical Security Automation and Testing. 2019.

自動化をベースにしたセキュリティテストの書籍です。

[IEE90]   610.12-1990. IEEE Standard Glossary of Software Engineering Terminology. IEEE Computer Society, 2002.

[IEE98]   IEEE Standard for Software Test Documentation. IEEE, 1998.

[IST16]   Certified Tester Advanced Level Syllabus Security Tester. International Software Testing Qualifications Board. https://istqb-main-web-prod.s3.amazonaws.com/media/documents/ISTQB-CT-SEC_Syllabus_v1.0_2016.pdf, 2016.

86ページにおよぶ壮大なシラバスです。もしあなたがセキュリティテスト担当者にアサインされたら、この文章を読んで理解する必要があるでしょう。

[IST22]   ISTQB. テスト技術者資格制度 Foundation Level AIテスティング Verison1.0.J01. https://jstqb.jp/dl/JSTQB-Syllabus.Foundation_CT-AI_v1.0.J01.pdf, 2022.

AIのテストのISTQBシラバスです。よくまとまっており、無料でダウンロードできます。

[ITK08]   Juha Itkonen. Do test cases really matter? An experiment comparing test case based and exploratory testing. 2008.

[ITK13]   Juha Itkonen, Mika V. Mantyla, Casper Lasenius. The Role of the Tester's Knowledge in Exploratory Software Testing. IEEE Transactions on Software Engineering, volume 39, Number 5, May 2013.

[ITK16]   Juha Itkonen, Mika V. Mantyla, Casper Lasenius. Test Better by Exploring. IEEE Software, July/August 2016.

探索的テストの本質を言い当てている比較的新しい論文です。

[JAC06]   Michael Jackson. プロブレムフレーム ソフトウェア開発問題の分析と構造化（榊原彰, 牧野祐子 訳）. 翔泳社, 2006.

[JOR02]   Paul C. Jorgensen. Software Testing: A Craftsman's Approach. CRC Press, 2002.

翻訳本は出ていませんが、ソフトウェアテストのスタンダードの本であることは確かです。

[KAN02]   Cem Kaner. ソフトウェアテスト293の鉄則（テスト技術者交流会 訳）. 日経BP, 2002.

古い本ですが、現代でも多くの気づきがあるのではないでしょうか？

[KAN99]   Cem Kaner, Jack Falk, hung Quoc Nguyen. Testing Computer Software. John Wiley & Sons, Inc., 1999.

2000年代に、世界で最も売れたソフトウェアテストの書籍です。

[KIM07]   Sunghun Kim, Thomas Zimmermann, E. James Whitehead Jr., Andreas Zeller. Predicting Faults from Cached History. International Conference on Software Engineering, 2007.

[KOO04]   Philip Koopman. Embedded System Security. IEEE Software, July 2004.

[LEF02]　Leffingwell, Dean, and Widrig, Don. ソフトウェア要求管理（石塚圭樹，荒川三枝子，日本ラショナルソフトウェア 訳）. ピアソン・エデュケーション, 2002.

[LEF10]　Dean Leffingwell. アジャイル開発の本質とスケールアップ　変化に強い大規模開発を成功させる14のベストプラクティス（玉川憲 監訳. 橘高陸夫，畑秀明，藤井智弘，和田洋，大澤浩二 訳）. 翔泳社, 2010.

[LEO22]　Adam Leon Smith, Rex Black, James Davenport, Joanna Olszewska, Jermias Robler, and Jonathon Wright. Artificial Intelligence and Software Testing. The Chartered Institute for IT, 2022.

　　　　　AIテストに書かれた英語の書籍です。AIテストの大御所Adam Smithと、テストマネジメントの大御所Rex Blackらが共著で執筆しています。

[NAG20]　長嶋仁. セキュリティ技術の教科書. iTec, 2020.

[NAK21]　中島震. ソフトウェア工学から学ぶ機械学習の品質問題. 丸善出版, 2021.

　　　　　この書籍も質がよいです。多少難解な点があるので、AIソフトウェアテストを読んでから読むのがよいでしょう

[NAS99]　Mars Climate Orbiter Mishap Investigation Board Phase I Report. November 10, 1999.

[NIU18]　Nan Niu, Sjaak Brinkkemper, Xavier Franch, Jari Partanen, Juha Savolainen. Requirements Engineering and Continuous Deployment. IEEE Software, March/April 2018.

[MAI08]　Neil Maiden. User Requireemnts and System Requiremnts. IEEE Software, March/April 2008.

[NAK20]　中島震. ソフトウェア工学から学ぶ機械学習の品質問題. 丸善出版, 2020.

　　　　　日本語で読めるAIの書籍。数学的素養がかなり必要です。

[MAR04]　Brian Marick. How Many Bugs Do Regression Tests Find?. http://www.testingcraft.com/regression-test-bugs.html.

[MAR95]　Brian Marick. The Craft of Software Testing. Prentice Hall, 1995.

[MAT22]　松本隆則. OWASP ZAPとGitHub Actionsで自動化する脆弱性診断. 2022.

[MCC00]　Steve McConnell. Sitting on the Suitcase. IEEE Software, May/June 2000.

[MCC02]　Steve McConnell. Real Quality For Real Engineers. IEEE Software, March/April 2002.

[MCC05]　Steve McConnell. Code Complete 第2版＜上＞＜下＞（クイープ 訳）. 日経BPソフトプレス, 2005.

　　　　　ソフトウェア・エンジニアリングにおける歴史的名著。コード自体は古くなっていますが、必須で読む書籍です。

[MCC93]　Steve McConnell. Code Complete. Microsoft Press, 1993

[MCC99]　Steve McConnell. Brooks'Law Repealed. IEEE Software, November/December 1999.

[MCG00]　Gary McGraw, Grem Morrisett. Attacking Malicious Code:A Report to the Infosec Research Council. IEEE Software, September/October 2000.

[MIC04]　Michael Jackson. ソフトウェア要求と仕様（玉井哲雄, 酒匂寛 訳）. 新紀元社, 2004.

[MUS98]　John D. Musa. Software Reliability Engineering: More Reliable Software Faster Development and Testing. Mcgraw-Hill, 1998.

[MYE79]　Glenford Myers. The Art of Software Testing. A WILEY-INTERSCIENCE PUBLICATION, 1979.

　ソフトウェアテストという工学領域で初めて書かれた書籍。用語などは現代とは合わない面もありますが、歴史書を読む感覚で楽しめる本ではないかと思います。

[MYE80]　Glenford J.Myers. ソフトウェア・テストの技法（長尾真 監訳. 松尾正信 訳）. 近代科学社, 1980.

[PAG09]　Alan Page, Ken Johnston, and Bj Rollison. HOW WE TEST SOFTWARE AT MICROSOFT. Microsoft Press, 2009.

[PER95]　William Perry. Effective Methods for Software Testing. John Wiley & Sonx, Inc., 1995.

[PMB04]　プロジェクトマネジメント知識体系ガイド. 2004.

[POL13]　Macaio Polo, Pedro Reales, Mario Plattini, and Christof Ebert. Test Automation. IEEE Software, January/February 2013.

[POR20]　Dina Graves Portman. Are you an Elite DevOps performer? Find out with the Four Keys Project. https://cloud.google.com/blog/products/devops-sre/using-the-four-keys-to-measure-your-devops-performance?hl=en, 2020.

[POS96]　Robert Poston. Automating Specification-Based Software Testing. The Institute of Electrical and Electronics Engineers, Inc., 1996.

[PRI18]　Principles of chos engineering. https://principlesofchaos.org/ja/, 2018.

[PUT03]　Lawrence Putnam, Ware Myers. 初めて学ぶソフトウェアメトリクス. 日経BP社, 2003.

　アジャイルには対応していませんが、日本語でメトリクスについて学べる良書です。

[ROB92]　Robert B. Grady. Practical Software Metrics For Project Management And Process Improvement. Prentice Hall, 1992.

[ROS17]　Chuck Rossi. Rapid release at massive scale. Engineer at Meta, https://engineering.fb.com/2017/08/31/web/rapid-release-at-massive-scale/, 2017.

[SAT21] 佐藤直人, 小川秀人, 來間啓伸. AIソフトウェアのテスト. リックテレコム, 2021.

AIテストに関してよくまとまっている書籍。AI関連は英語でもよくまとまった書籍のない中、日本語でこのレベルの書籍があるのは、AIのテストを学ぶ人にとって非常に有用です。

[SCH23] Max Schäfer, Sarah Nadi, Aryaz Eghbali, and Frank Tip. Adaptive Test Generation Using a Large Language Model. https://arxiv.org/abs/2302.06527, 2023.

[SEG16] Sergio Segura, Gordon Fraser, Ana B. Sanchez, and Antonio Ruiz-Cortes. A Survey on Metamorphic Testing. IEEE TRANSACTIONS ON SOFTWARE ENGINEERING, Volume 42, Number 9, SEPTEMBER 2016.

[SEG20] Sergio Sewgura, Dave Towey, Zhi Quan Zhou, and Tsong Yueh Chen. Metamorphic Testing: Testing the Untestable. IEEE Software, May/June 2020.

[SHE00] Billie Shea. Avoiding Scalability Shock. Software Testing & Quality Engineering, May/June 2000.

[SHI93] 山田茂, 高橋宗雄. ソフトウェアマネジメントモデル入門. 共立出版, 1993.

[SMI22] Adam Leon Smith, Rex Black, James Davenport, Joanna Olszewska, Jeremias Robler, and Jonathon Wright. Artificial Intelligence and Software Testing. BCS The Chartered Institute for IT, 2022.

[STE11] Olly Gotel and Stephen Morris. Requirements Tracery. IEEE Software, September/October 2011.

[SUG11] 勝呂暖生. 知識ゼロから学ぶソフトウェアプロジェクト管理. 翔泳社, 2011.

実はペンネームで書いた書籍です。当時、ソニーに勤めており、あまりにも保守的な部門でとても書籍を出せる雰囲気ではなかったのでペンネームで書きました。ソニーの名誉のためにも記しておきますが、現在のソニーは当時のそれとは比べ物にならないくらい自由になっています。

[TAK02I] Juichi Takahashi. Extended Model-Based Testing toward High Code Coverage Rate. Proc. of 7th European Conference on Software Quality, July 2002.

[TAK03J] Juichi Takahashi, Yoshiaki Kakuda. Effective Automated Testing for Graphical Objects. 情報処理学会論文誌44巻7号, 2003.

[TAK08] Juichi Takahashi. Coverage Based Testing for Concurrent Software. Distributed Computing Systems Workshops, 2008.

[TAK23] 高橋寿一. ソフトウェア品質を高める開発者テスト 改訂版. 翔泳社, 2022.

本書籍の開発者版です。開発者が品質を上げたいと思う場合、この書籍から読むことをおすすめします。

[TIE97] James Tierney. Microsoft Metrics: Low Cost, Practical Metrics for Software Development. Annual Oregon Workshop Software metrics, 1997.

[TIK16] Stefan Tiko. Jay Fields on Working with Unit Tests. IEEE Software, September/October, 2016.

[VOA17]   Jeffrey Voas and Rick Kuhn. What Happened to Software Metrics?. IEEE Software, May 2017.

[WAG00]   David Wagner, Jeffrey S. Foster, Eric A. Brewer, and Alexander Aiken. A First Step Toward Automated Detection of Buffer Overrun Vulnerabilities. Network and Distributed System Security Symposium, 2000.

[WEI14]   Georgia Weidman. Penetration Testing. No starch press, 2014.

ペネトレーションテストに関する稀有な書籍。日本語版はありませんが、ペネトレーションテストの専門家を目指すのであれば読むべき一冊です。

[WEY82]   Elaine J. Weyuker. On Testing Non-Testable Programs. The Computer Journal, Volume 25, Issue 4, November 1982.

[WHI09]   James A. Whittaker. Exploratory Software Testing. Addison-Wesley, 2009.

探索的テストの論文では必ずといっていいほど参照されている書籍。探索的テストというより、Jamesスタイルのテスト手法がよく学べます。

[WHI12]   James A. Whittaker. The 10-Minute Test Plan. IEEE Software, November December 2012.

[WIE03]   Karl E. Wiegers. ソフトウェア要求 顧客が望むシステムとは（渡部洋子 訳）. 日経BPソフトプレス, 2003.

要求に関してのスタンダードな書籍。アジャイルのユーザーストーリーについて明確な書籍がないので、この本から今でも学ぶことが多いです。

[WIL00]   Laurie Williams, Robert Kessler, Ward Cunningham, and Ron Jeffries. Strengthening the Case for Pair Programinng. IEEE Software, July/August, 2000.

[YAM98]   Tsuneo Yamaura. How To Design Practical Test Cases. IEEE Software, November/December 1998.

[YAN23]   Minshun Yang, Seiji Sato, Hironori Washizaki, Yoshiaki Fukazawa, and Juichi Takahashi. Identifying Characteristics of the Agile Development Process That Impact User Satisfaction. Evaluation and Assessment in Software Engineering, 2013.

[ZHA22]   Jie M. Zhang, Mark Harman, Lei Ma, Yang Liu. Machine Learning Testing: Survey, Landscapes and Horizons. IEEE Transactions on Software Engineering, Volume 48, Issue 1, January 2022.

37ページにも及び長大なIEEE Transactionの論文。もし読むべき論文を1つ選ぶなら、これを推薦します。ただしIEEE Transactionなので、難解で専門的知識を要求されますが。

索引

装丁：イイタカデザイン 飯高勉
紙面デザイン・DTP：株式会社シンクス

知識ゼロから学ぶソフトウェアテスト 第3版
アジャイル・AI時代の必携教科書

2023年 11月16日 初版第1刷発行

著　者	高橋 寿一（たかはし・じゅいち）
発行人	佐々木幹夫
発行所	株式会社翔泳社（https://www.shoeisha.co.jp）
印刷・製本	中央精版印刷株式会社

ISBN978-4-7981-8243-8
Printed in Japan